U0739001

南极探险简史

——寻找南方大陆的航迹

金雷 著

ANTARCTICA

人民邮电出版社
北京

图书在版编目（CIP）数据

南极探险简史. 寻找南方大陆的航迹 / 金雷著.
北京 ： 人民邮电出版社，2025. -- ISBN 978-7-115
-66047-3

Ⅰ. N816.61

中国国家版本馆 CIP 数据核字第 2025C2V865 号

内 容 提 要

　　这是一本跨数百年历史，讲述南极探险船舶传奇的图书。它从库克船长首次带领船队进入南极圈的壮举，一直讲述到现代普通人乘坐邮轮前往南极旅游的体验。本书不仅记录了人类对南极的探索历程，还涵盖了英雄时代和科学时代的南极探险故事。

　　书中详细描述了探险家们的勇气与挑战，以及他们在极端环境下的苦乐与成败；探讨了海洋与人类的关系、海洋科考船的功能与作用；讲述了"奋进"号、"高斯"号、"雪龙"号等著名船舶的南极航迹，以及与它们相关的传奇故事。此外，本书还涉及了一些历史谜题，如马可·波罗的影响力、郑和船队是否到过南极洲、麦哲伦的环球航行等，以及一些与南极探险相关的地点和人物，如复活节岛、火地岛、库斯托船长等。最后，本书以"轻舟曼舞南大洋"为跋，总结了南极探险船舶的历史意义和对未来海洋科考的启示，鼓励读者们继续探索海洋的奥秘。

　　本书适合历史爱好者、科学爱好者、航海技术工作者、环境保护主义者、旅行爱好者，以及地理、历史、环境科学和相关领域的师生阅读。

◆ 著　　　　　金　雷
　　责任编辑　　苏　萌
　　责任印制　　马振武

◆ 人民邮电出版社出版发行　　北京市丰台区成寿寺路 11 号
　　邮编　100164　　电子邮件　315@ptpress.com.cn
　　网址　https://www.ptpress.com.cn
　　北京盛通印刷股份有限公司印刷

◆ 开本：720×960　1/16
　　印张：12.75　　　　　　　　　　　　　2025 年 8 月第 1 版
　　字数：204 千字　　　　　　　　　2025 年 8 月北京第 1 次印刷

定价：89.80 元

读者服务热线：(010)53913866　印装质量热线：(010)81055316
反盗版热线：(010)81055315

　　我与金雷的相识缘于 2000 年，时值中国第 16 次南极科学考察期间，我正担任极地考察船"雪龙"号船长，执行"一船两站"考察任务——前往长城站、中山站。金雷渊博的南极探险史知识给我留下了深刻的印象，也让我们在风雪南极结下了深厚的友情。从长城站前往中山站，"雪龙"号选择沿着南极夏季浮冰外缘线（南纬 62° 左右）向东航行，基本每隔一天半就要向东推进一个时区的经度，仿佛在时光长河里逆流而行。持续的极昼下，浮冰与冰山的反光扰乱了所有人的生物钟，失眠成了家常便饭。但正因如此，我们有了更多交流的机会。其间，金雷几乎每天都会来到驾驶台或船长室，与大家畅谈。话题往往始于航海与地理大发现，最终总会回归到人类南极探险的历史中。望着船外广袤无垠的南大洋，远眺若隐若现的南极大陆，那震撼人心的壮丽风光，不仅涤荡着每个人的心灵，也悄然加深了考察队员之间真挚的极地友情。

　　如今，21 世纪的科技飞速发展，为人类探索自然、认识自然提供了有力支撑，爱护地球、尊重自然已成为全人类的共识。在这样的时代背景下，回望历史显得愈发珍贵。40 年前，南极长城站的奠基冰镐，凿开的不只是南极乔治王岛的冻土层，更是中华民族探索极地文明的一扇窗口。在历经

10 次南极考察、3 次北极征程的岁月里，我常常凝视着冰裂缝中渗出的万年古冰陷入沉思：当库克船长在 1774 年误判"南方大陆不存在"时，他又怎会想到，200 年后中国科学考察队驾驶"雪龙"号，在南纬 70° 海域勾勒出人类与自然对话的新坐标；是否有谁来专注南极探险历史的探究，传承人类的探索精神？

退休前夕，我拜读了金雷所著的《南极探险简史——寻找南方大陆的航迹》，内心久久不能平静。从 2000 年与他相识至今，25 年的时光悄然流逝，他始终践行着当年在"雪龙"号上的誓言："南极的每一片雪花都藏着千万年往事，我要用不懈的努力追溯人类南极探索的历史脉络。"如今，这本著作就像一枚跨越世纪的时光胶囊，为我们缓缓打开。书中提及的每一个名字，无论是阿蒙森、斯科特，还是秦大河，都如同凿开南极万年冰封的火种；每一组科考数据，都是文明与冰雪对话的独特密码。金雷的笔触不仅记录了南极探险的英雄史诗，更深入细节，捕捉了探索文明的进化历程。从斯科特团队用马驮运物资探险南极的悲壮，到如今极地航空支撑体系的安全迅捷，我们看到的不仅是技术的不断迭代，更是人类与自然相处方式的巨大蜕变。作为中国南极科学考察的亲历者，金雷在书中饱含深情地描绘了中国南极科考的历程。从长城站建设时科考队员的坚毅前行，到中山站实验室里珍贵的冰芯样本，他将中国南极人 40 多年的风雪征程，汇聚成南极科学考察史中浓墨重彩的篇章。

《南极探险简史——寻找南方大陆的航迹》于浩瀚的极地探险史中撷菁撷华，既展现了大自然的磅礴伟力，也彰显了人类坚韧不屈的精神，字里行间满是对自然奥秘的虔诚敬意与深刻思考。金雷凭借自己科考亲历者的独特视角，用文字和图片将阿蒙森雪橇犬的足迹、斯科特越冬舱的日记，与中国科学考察队的科考数据巧妙融合，拼成了一幅完整的历史画卷。

如今的南极，极夜中科考站的灯光照亮了沉寂万年的冰盖，绘就了21世纪的崭新图景。在中国建立第5座科考站"秦岭站"之际，《南极探险简史——寻找南方大陆的航迹》的出版，不仅是对历史的崇高致敬，更是对未来的深情呼唤。这片冰雪大陆的故事仍在继续，正如书中所说："南极的每一场暴风雪，都在叙写地球的往事与明天。"愿每位读者在翻开此书时，都能感受到那份跨越世纪的极地热忱和人类对真理与自然永恒的敬畏。

金雷用25年的光阴，在世界各地不断追寻南极探险者的足迹，用心血和热情完成这部简史。这份执着与坚持令我深深感动，在此，我向他致以最真诚的敬意！

袁绍宏 曾先后参加10次中国南极科学考察、3次北极科学考察。历任"雪龙"号船长、极地科学考察队领队、高级船长。曾任中国极地研究中心党委书记兼副主任，2020年3月任自然资源部东海局分党组成员、副局长、一级巡视员。获得"全国先进工作者"荣誉称号，享受国务院政府特殊津贴。

前言

2020 年 1 月 31 日，我有幸在南极半岛的欺骗岛遇到一支由爱沙尼亚人和俄罗斯人组成的探险队。他们共 12 人，乘坐一艘名为"别林斯高晋海军上将"号的小型游艇，从爱沙尼亚首都塔林出发，一路航行至南极。此次航行是为了纪念法比安·戈·特利布·冯·别林斯高晋和米哈伊尔·彼得罗维奇·拉扎列夫率领的"东方"号和"和平"号探险船队发现南极大陆 200 周年。别林斯高晋的发现结束了人类对神秘的"南方大陆"几千年的盲目猜测和为寻找"南方大陆"而进行的航海探险。

在航海史上，马可·波罗的东方见闻激发了各国统治者和航海家的探险热情。他们或为荣誉，或为金钱，纷纷投入航海大探险，填补了地理空白，推动了科学技术的发展，促进了各大洲之间的紧密联系。

然而，关于郑和船队是否到达过南极，这一观点在航海史学界引发了巨大争议，仍有待进一步证实。首次完成全球航行的费尔南多·德·麦哲伦死于菲律宾麦克坦岛，而真正完成全球航行的是"维多利亚"号指挥官胡安·塞巴斯蒂安·埃尔卡诺。荷兰海军上将雅各布·罗格文发现的复活节岛至今仍充满神秘色彩。英国著名探险家詹姆斯·库克曾 3 次越过南极圈，但未能发现"南极大陆"，且在其考察报告中还否定了"南方大陆"的存在，误导了很多航海者。

一方面，南极洲是科学探索的天堂，英国、德国、法国、比利时、瑞典、日本、挪威等国的探险队纷纷前往那里；另一方面，南极洲也曾经是野生动物的噩梦，捕鲸者和毛皮猎人曾将这里变成血腥的"修罗场"，如今那些捕鲸站遗址和累累白骨，已成为人类在南极洲的耻辱印记。

法国作家儒勒·加布里埃尔·凡尔纳笔下的南极充满幻想，但这些幻想并非毫无依据，而是有一定的科学基础。而雅克－伊夫·库斯托则一生致力于南极环保，努力保护这片净土。

中国与南极的首次接触可追溯至清朝晚期，宋耀如作为历史记录中首位涉足南极的中国人，其经历颇具传奇色彩。据记载，清光绪二年（1876 年）夏天，宋耀如赴美途中，因航海路线与意外遭遇开启了这段特殊旅程。

彼时巴拿马运河尚未贯通，东亚至美国东海岸的航线需绕行南太平洋，经智利海域向南穿越麦哲伦海峡或合恩角进入南大西洋，再沿阿根廷海岸北上。这条原始航线的距离较现今运河航线多出一倍，本就充满艰险。当航船即将进入麦哲伦海峡时，一块南极漂来的浮冰突然撞击船舱，导致船舶失控向南极方向漂流，最终搁浅于南极圈内的一座小岛。

在被迫停留检修期间，宋耀如随船员登上这片神秘大陆。目之所及皆是银装素裹的冰雪世界，极地严寒彻骨，黑背白腹的企鹅遍布海岸。这段与南极的意外邂逅成为他终生难忘的经历。后来，宋耀如曾多次给友人及子女们讲述他到南极的亲身经历。他曾对后来成为他女婿的孙中山说："南极给我最深的印象是寒冷。如把头脑发热的人送到南极，他的头脑一定会冷静下来。南极是天然冷冻箱，是寒冷之极。" 孙中山风趣地称宋耀如为"南极仙翁"。

中国最早介绍南极的文章是 1911 年 6 月 25 日刊登在商务印书馆出版的《东方杂志》第八卷第五号的《南极探险之效果》，作者是浙江上虞人许家庆。文章详细介绍了南极洲的地理、历史、生物、地质等资料，并配有相关照片。

1935 年 1 月 30 日，美国极地探险家理查德·伊夫林·伯德第二次南极考察期间，从美国在南极的小美国基地寄出了一封信，这是中国收到的来自南极科学考察站的最早信函。该信经美国旧金山中转，于 1935 年 4 月 25 日到达山东德县（今德州）教会医院，历时 86 天。

中国参加南极科学考察的第一人是张逢铿。1958 年 12 月至 1960 年 3 月，他参加了国际地球物理年中的"深冻第四号计划"，在位于 80°S、120°W 的伯德站工作 15 个月，担任地震测勘队队长。他在南极测得的重力、磁力、震波等数据为相关研究提供了重要依据，完成的《南极冰层震波速度之研究》《冰层厚度及地质构造之分析》等论文获得了国际科学界的高度认可。为表彰他的贡献，美国政府将南极 77°44′S、126°38′W 的一座山峰命名为"张氏峰"，这是南极洲第一次以中国人名命名的山峰。1973 年，张逢铿出版了专著《南极玛丽伯德地区地球物理探勘研究》，并于次年获得美国政府颁发的金质奖牌和奖状。2019 年 9 月 10 日，张逢铿先生去世，享年 97 岁。

1976—1977 年、1978—1979 年、1981—1982 年、1984—1985 年，中国"海功"号曾 4 次前往南极洲，最远航行至 67°S 的罗斯海，进行南极渔业资源考察。

1985 年，中国在亚南极的乔治王岛建立了第一座科考站——长城站。截至 2024 年南极秦岭站建成开站，中国已在南极洲建立了 5 座科考站，并先后使用了"向阳红 10"号、"J121"号、"极地"号、"雪龙"号和"雪龙 2"号等科考船进行南极科考。我曾有幸作为中国第 16 次南极科学考察队队员，从长城搭乘"雪龙"号前往中山站；也曾搭乘意大利、挪威、

法国的邮轮前往南极半岛，观赏南极生物群落，欣赏南极美景，凭吊早期人类活动遗址。

1999 年 12 月 16 日，我从智利最南部城市蓬塔阿雷纳斯的空军基地，搭乘 C-130 "大力神" 运输机前往乔治王岛的长城站。2019 年 12 月 9 日，同样是从蓬塔阿雷纳斯空军基地起飞的一架 C-130 "大力神" 运输机在飞行途中失联，事后确认失事，机上 38 人全部遇难。

尽管 1902 年英国斯科特探险队和德国探险队都在南极升起了气球，但两国政府当时并未意识到南极科学探险已经进入飞行器时代。随着航空时代的到来，飞往南半球成为许多飞行员的首选目标。葡萄牙人解决了空中导航定位的难题后，飞机开始出现在南极洲。

第二次世界大战之前，只有澳大利亚、美国和德国在南极洲开展过飞行活动。第二次世界大战之后，随着航空技术的军转民，尤其是在国际地球物理年期间，飞机已经成为南极科考不可或缺的交通和考察工具。甚至最早的南极旅游就是智利开展的飞往南极的旅游项目，但南极空中观光也引发了南极洲最大的空难。

此外，阿波罗 11 号登月前，德国的冯·布劳恩为什么要去南极，为什么要在南极开展陨石回收？南极上空有个洞吗？谁持彩练当空舞？你都会在书中找到答案。

21 世纪以来，无人机开始在南极科考中广泛应用，虽然目前仍处于起步阶段，但其发展前景广阔，潜力巨大。

通过《南极探险简史》这两本书，读者可以深入了解南极探险和科学考察中航海和航空交通工具的历史。

目录

马可·波罗的影响力

1271 年，21 岁的马可·波罗与父亲尼科洛·波罗、叔叔马费奥·波罗从威尼斯出发，用了近 4 年的时间，穿越阿拉伯半岛和美索不达米亚平原，经波斯到达中亚沙漠地带，之后继续跋山涉水，翻越了帕米尔高原，进入西域诸地；他们一行或步行，或骑马，或乘骆驼，最终于 1275 年到达元上都，受到元世祖忽必烈的接见。

据《马可·波罗游记》所述，马可·波罗自称深受忽必烈赏识，1275—1291 年曾以使者、顾问等身份参与元朝事务，其父、叔则主要从事贸易活动。

马可·波罗在元朝期间，不仅熟练掌握了蒙古语和汉语，还熟悉了元朝宫廷的礼仪以及行政机构的法规。他经常奉命巡视各省或出使外国。据记载，他曾受委派在扬

杭州西湖畔的马可·波罗像（陈伟卫／拍摄）

1982 年圣多美和普林西比发行《马可·波罗离开威尼斯》邮票小型张

州担任官职，管理 24 个县。在任职的 3 年半时间里，他以公正无私的态度处理政务，赢得了百姓的崇敬和爱戴。此外，他还曾出使南洋，到过越南、爪哇、苏门答腊等地。

　　尽管马可·波罗和他的父亲、叔叔在元朝深受忽必烈的赏识，但他们毕竟是异乡人，内心难免有思乡之情。1292 年夏季，他们利用护送蒙古公主阔阔真前往波斯的机会，踏上了返乡的旅程。

　　经过长达 20 多年的海外漂泊，马可·波罗一行三人终于在 1295 年冬季回到了威尼斯。

　　1298 年，威尼斯与热那亚为争夺贸易霸权爆发海战。马可·波罗出资武装了一艘战舰，并亲自担任舰长，参加了对热那亚的战争。然而，在 9 月 7 日的一次战役中，威尼斯舰队遭遇惨败，马可·波罗也被俘虏。

　　在热那亚的监狱中，马可·波罗结识了比萨作家鲁思梯谦，他精通法语。马可·波罗将自己的东方见闻讲述给鲁思梯谦，后者将其记录下来，形成了著名的《马可·波罗游记》（又名《东方见闻录》）。

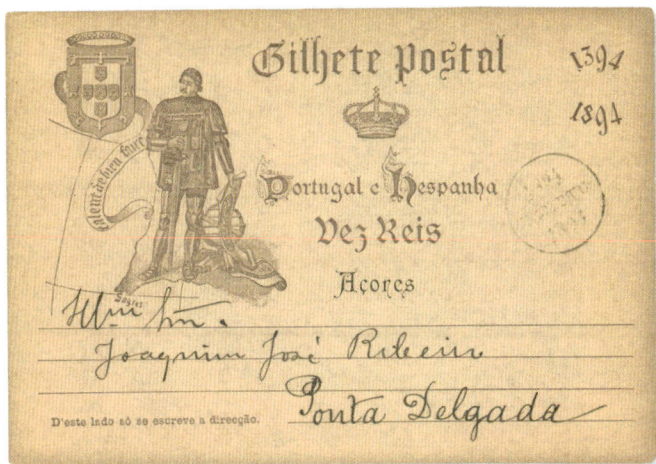

1894 年葡萄牙发行《亨利亲王诞生 500 周年》纪念明信片

　　《马可·波罗游记》一经问世，便在欧洲引起了轰动，人们竞相抄录和传阅，很快被翻译成多种欧洲语言。然而，关于马可·波罗是否真正到过中国，以及《马可·波罗游记》是否为真实记录，自其问世以来就一直存在争议。尽管如此，这本书已成为一部重要的地理文献，在随后的地理大发现中发挥了重大作用。无论是航海家还是天文学家，都将此书视为绘制亚洲地图的重要参考书。

　　据不完全统计，在中国的北京、天津、浙江杭州、福建建瓯、甘肃张掖、江苏扬州和泰州等城市，或立有雕像，或命名街道和广场，或建有纪念馆，都在讲述着马可·波罗的故事。

　　15 世纪初期，葡萄牙国王若昂一世的次子堂·佩德罗在 1428 年访问威尼斯时获赠《马可·波罗游记》，后将其地理知识贡献给葡萄牙王室。

　　1394 年，葡萄牙国王若昂一世的第三个儿子出生了，他就是后来的亨利亲王。亨利亲王后来成为航海事业的推动者，对葡萄牙的航海探险和地理发现作出了重要贡献。1502 年，《马可·波罗游记》的拉丁文版被译为葡萄牙文。

　　1415 年，堂·佩德罗和亨利参加了葡萄牙对北非城市休达的远征。在这场战役中，他们获得了与首批攻入城内的分遣队并肩作战的机会，并且亨利亲王还获得了在城墙上亲自升起军旗的荣誉。1417 年，亨利亲王再次参加了解救被摩洛哥人围困的休达的战斗。

从休达回国后，为了避开里斯本的政治纷争，亨利亲王选择来到葡萄牙最南部的萨格里什（位于阿尔加维省）担任总督。

1420 年 5 月至 11 月，罗马教廷颁发了一系列文件，任命亨利亲王为葡萄牙骑士团团长，管理骑士团的巨额财产，并将这些收入用于航海和探险事业。

亨利亲王创办了航海学校，培养本国水手，提高他们的航海技艺；他还设立了天文台，并建立了图书馆。在阅读了《马可·波罗游记》后，亨利亲王鼓励船长们收集有关通往印度航道的一切信息，包括船只、海图、洋流、海洋生物、沿途的气候、岛屿、动植物、淡水资源等，同时他也收集了关于非洲沿海和内陆的信息。

葡萄牙里斯本大航海纪念碑（魏晋/拍摄）

亨利亲王塑像（魏晋／拍摄）

亨利亲王创办的航海学校和相关体系的建设，成为近现代航海事业的开端。

人类有目的、有计划地开展大规模的探险和航海活动始于 15 世纪初。葡萄牙处于"地理大发现"的前沿，为了寻找通往印度的新航线，在亨利亲王的支持下，葡萄牙人开始沿着非洲西海岸航行，揭开了地理大发现的序幕。亨利亲王创办航海学校，组织当时最有名望的地理学家和航海家从事远洋探险活动，推动葡萄牙的海外扩张走在欧洲各国前列。以下是葡萄牙在这一时期的航海成就。

1419 年：葡萄牙人到达并占有了马德拉群岛。

1432 年：葡萄牙人到达并占有了亚速尔群岛。

1445 年：葡萄牙人到达非洲最西端的佛得角。

1487 年，葡萄牙航海家巴尔托洛梅乌·迪亚斯率领船队到达非洲最南端的好望角。最初，迪亚斯将这个新发现的岬角命名为"暴风角"，因为他们的船队在这里遇到了暴风雨。然而，葡萄牙国王若昂二世不同意这个名字，将其改为"好望角"，寓意这里是通往东方的希望之地。

这些航海成就标志着葡萄牙在地理大发现中的重要地位，为后来的环球航行和欧洲对世界的探索奠定了基础。

意大利人克里斯托弗·哥伦布是马可·波罗的同胞，自幼就幻想自己能够航海冒险。

1476年，哥伦布在葡萄牙海岸遭遇海难后定居里斯本，不久后，他的弟弟巴托洛梅奥也来到里斯本。兄弟二人以制图为业，并学习地理学。当时，葡萄牙正处于探险黄金期，哥伦布不仅制作海图，还收集各种图书，参与航海活动。他曾在亚速尔群岛、马德拉群岛和佛得角群岛之间从事贸易，结识了许多引水员和航海家。

1477年2月，哥伦布受意大利商人的委派，为前往北大西洋的船队护航，最远抵达冰岛附近海域。返回里斯本后，哥伦布于1479年迎娶了贵族之女唐娜·费丽帕·佩莱斯泰罗-莫尼斯，她的父亲曾是亨利亲王任命的马德拉岛圣多港的总督。

非洲最南端的好望角（魏晋／拍摄）

古巴发行《哥伦布发现美洲 500 周年》航空邮资邮简

1480 年下半年，哥伦布夫妇与岳母一同前往圣多港。1481 年，哥伦布的儿子迭戈出生，他们全家随后搬到了马德拉岛的大岛居住。一天，一场海上风暴将一艘帆船击碎，3 名水手和 1 名引水员被冲到马德拉海滩。哥伦布夫妇虽然对他们进行了救治，但不幸的是，这些海员最终都去世了。临终前，引水员告诉哥伦布，他们的帆船在大西洋向西的远方发现了一片未被标注在任何海图上的新陆地。此后，哥伦布常常站在马德拉岛的高处远望，渴望有一天能航行到那片未知的陆地。

1485 年，哥伦布的妻子费丽帕去世，他返回了里斯本。当时，地圆说已经广为流传，哥伦布也深信不疑，成为少数坚信向西航行能够到达陆地的人之一。他先后向葡萄牙、西班牙、英国、法国等国的国王请求资助，以实现他向西航行到达东方国家的计划，但都遭到了拒绝。为了实现自己的计划，哥伦布四处游说了十几年。直到 1492 年，西班牙王后伊莎贝拉一世慧眼识英才，说服了国王费迪南二世，甚至愿意拿出自己的钱来资助哥伦布，哥伦布的计划才得以实施。

阿根廷发行《哥伦布到达美洲》邮票

1492 年 8 月 3 日，哥伦布受西班牙国王和王后的派遣，带着给印度君主和中国皇帝的国书，率领 3 艘小型帆船，从西班牙帕洛斯港出发，横渡大西洋，向正西方向航行。经过 70 个昼夜的艰苦航行，船队于 1492 年 10 月 12 日凌晨发现了陆地。他误以为自己到达了印度，后来才知道，他登上的这块土地属于现在中美洲加勒比海中的巴哈马群岛，他将其命名为圣萨尔瓦多。

1493 年 3 月 15 日，哥伦布返回西班牙。此后，他又进行了 3 次向西航行，登上了美洲的许多海岸。直到 1506 年去世，哥伦布一直认为他到达的是亚洲的印度。

亚美利哥·韦斯普奇出生于意大利佛罗伦萨。他在经过多次考察后意识到，哥伦布到达的地方并非印度，而是一个之前不为人知的大陆。当然，关于新大陆是由亚美利哥首次发现的说法曾引起许多争议，主要围绕他最重要的两封信件。第一封信是寄给意大利佛罗伦萨银行家洛伦佐·德·美第奇的，信中讲述了他在 1499—1500 年受葡萄牙资助完成的一次航行；第二封信是寄给佛罗伦萨的童年玩伴皮耶罗·索德里尼的，信中讲述了他在 1497—1504 年参与的 4 次航行。

1507 年，日耳曼地理学家马丁·瓦尔德泽米勒出版了一本修订版的新地图集。在地图集中，他将新发现的土地命名为"亚美利加"，而不是"哥伦比亚"。这一命名是为了纪念亚美利哥·韦斯普奇对新大陆的描述和探索。

S.TOMÉ E PRÍNCIPE

Os Grandes Navegadores

2004 年圣多美和普林西比发行《亚美利哥》邮票无齿小版张

V Centenario de la Llegada de Cristóbal Colón a Tierra Firme y V Centenario de la Exploración de Amerigo Vespucci

1998 年意大利和委内瑞拉联合发行《纪念哥伦布和亚美利哥》邮票首日封

　　哥伦布的远航标志着大航海时代的开端。新航路的开辟改变了世界历史的进程。它使欧洲的海外贸易路线从地中海转移到大西洋沿岸。从那时起，西方逐渐走出了中世纪的黑暗，开始以不可阻挡之势崛起于世界。在随后的几个世纪中，西方国家逐步建立起海上霸权。一种全新的工业文明逐渐成为世界经济发展的主流。

郑和船队是否到达过南极洲？

　　20世纪80年代，刚刚走向改革开放的中华大地上兴起了一股探讨"自然之谜"的热潮。这一时期，瑞士作家埃利希·冯·丹尼肯的著作逐渐被介绍到中国。冯·丹尼肯1935年4月14日出生于瑞士措芬根，是一位电视记者和作家。1976年，他出版了《众神之车》一书，该书的中文版分别于1981年和1982年在上海和北京出版。

　　在《众神之车》中，冯·丹尼肯提到了皮里·雷斯地图。皮里·雷斯是16世纪奥斯曼帝国的海军将领，曾在地中海服役，并协助奥斯曼帝国统治埃及，后来成为红海舰队的领导者，还参加了红海的海上战役。1547年，他被任命为印度洋舰队总司令和埃及舰队总司令。

　　皮里·雷斯不仅是一位杰出的军事人物，还在作战之余致力于地理研究。1521年，他编写了奥斯曼帝国首部原创性的地理著作《海洋志》。这部作品汇集了水手在过去几个世纪中积累的海洋与航海知识，以及他自己的经历和对西方水手经验的观察。全书分为129章，每章都配有地图，详细描绘了地中海、东方海域、海港、重要城市、危险礁石、自然特色、潮汐和暴风雨等内容。后来，皮里·雷斯又为这部作品增补了译文，使其内容更加丰富。

在编写《海洋志》之前，皮里·雷斯于 1513 年制作了一幅地图。1517 年，奥斯曼帝国苏丹塞利姆一世占领开罗后，皮里·雷斯将这幅地图献给了他。这幅地图的资料来源广泛，包括许多欧洲地图（这些地图反映了当时葡萄牙人在地理大发现中的成果）。此外，该地图还参考了一张标明克里斯托弗·哥伦布第三次航行路线的地图，这张地图是皮里·雷斯从他叔叔克马尔·雷斯那里得到的，而克马尔·雷斯则是在一次对瓦伦西亚的袭击中从一名西班牙俘虏手中获得的。因此，这幅地图被称为皮里·雷斯地图。

18 世纪初，在奥斯曼帝国伊斯坦布尔的托普卡帕宫，这幅传说中的皮里·雷斯地图出现在人们眼前。地图不仅绘有南美洲、北美洲、西非，还有南极洲的南极半岛地形。

众所周知，南极洲是地球上最晚被发现的大陆，直到 1773 年 1 月，英国皇家海军的库克船长才首次越过南极圈，而人类直到 1911 年 12 月和 1912 年 1 月才分别由挪威探险家罗阿尔德·阿蒙森和英国皇家海军上校罗伯特·福尔肯·斯科特到达南极点。南极洲长期以来被厚厚的冰层和无垠的雪原覆盖，那么，16 世纪的地图上为何会出现南极洲的轮廓呢？

1953 年，美国教授查尔斯·哈普古德和数学家理查德·斯特雷钦声称，皮里·雷斯地图上标出了南极洲大陆，甚至描绘了冰层下的海岸线。他们认为，这张地图的海岸线描绘时间可以追溯到公元前 4000 年。因此，他们推测皮里·雷斯可能是借助了某种外星科技的力量，从高空拍摄照片后绘制了这幅地图，并将这些假想写成了一本书——《古代海王的地图》。

1957 年，在国际地球物理年期间，这两位美国教授将地图交给美国海军制图员、同时也是威斯顿天文台台长的莱汉姆进行鉴定。莱汉姆承认，地图的精确度令人难以置信，甚至包括那些至今几乎未被勘探过的地方，尤其是南极洲的一些山脉，这些山脉直到 1952 年才通过回声探测仪被发现，此前则一直被冰层覆盖。

2002 年，英国伦敦传来一个惊人的学术消息。英国皇家海军退休军官加文·孟

2005 年中国发行《郑和下西洋 600 周年》纪念邮票小版张

郑和船队是否到达过南极洲？

席斯在一次学术发布会上宣布："中国人最早绘制了世界海图，中国明代郑和船队先于哥伦布到达美洲大陆，郑和是世界环球航行第一人。"孟席斯的这一观点并非空穴来风，而是基于他 14 年的研究成果。在这 14 年中，他追踪了郑和船队的全球航线，足迹遍布 120 个国家，访问了 900 多家图书馆、档案馆和博物馆，并实地考察了中世纪末期的世界主要港口。孟席斯将他的研究成果写入《1421：中国发现世界》一书，该书于 2005 年在中国出版，正值郑和下西洋 600 周年之际。

孟席斯在书中专门解释了皮里·雷斯地图上那些令人费解的谜团，尤其是南极半岛海岸线的由来。这些地图并非来自外星宇航员，而是源自中国明代航海家郑和的船队。孟席斯认为，郑和船队绘制的航海图后来辗转落入欧洲航海家手中。之后，这些航海图通过缴获或购买等方式汇聚到奥斯曼帝国海军上将皮里·雷斯手中。最终，皮里·雷斯将他收集到的各种地图内容整合到自己的地图上，从而形成了皮里·雷斯地图上南极半岛的轮廓。

孟席斯通过研究欧洲、阿拉伯地区、波斯地区、印度等地的历史文献、航行记录和碑刻，并结合皮里·雷斯地图上的注释以及图中的景物、动物、植物等细节，分析认为郑和船队中的一支在航行到非洲大陆东海岸（现莫桑比克附近）后，继续向南航行，绕过南非最南端的好望角，进入大西洋。在洋流的推动下，船队沿着非洲西海岸一路向北航行，抵达刚果河口，在那里补充淡水和新鲜水果。随后，借助南赤道洋流，船队抵达了现在的佛得角群岛海域。

颠覆传统认知的郑和下西洋路线的依据之一是收藏于意大利威尼斯国立马尔西亚纳图书馆的《弗拉·毛罗世界地图》。这幅地图由制图师弗拉·毛罗于1459年绘制，是自罗马帝国以来绘制的第一幅涵盖整个世界的地图。在这幅地图上，毛罗标注了非洲最南端的好望角（他称之为"德迪亚卜角"），并且在巴尔托洛梅乌·迪亚斯绕过好望角的30年前就已经绘制了这一位置。为了强调这一点，毛罗在地图上添加了一段题记，描述了一艘中国帆船绕过好望角的详细情况："大约在1420年，一艘来自印度方向的船（或舢板）径直横渡印度洋，经过'男人和女人岛'（the Isles of Men and Women），驶过德迪亚卜角（好望角），穿过佛得角群岛和未知地带，向西航行。随后，船队转向西南方向，又航行了40天，但除了无垠的天空和茫茫大海，什么也没有发现。据他们估计，他们已航行了2000英里（约3218.69千米），但最终命运之神抛弃了他们。70天后，他们返回到了'德迪亚卜角'。"

在这段题记旁边，毛罗绘制了一幅中国帆船的图像。这艘船的船首呈正方形，类似于现代的登陆艇，这是典型的中国明代郑和宝船的形状，其规模比当时的欧洲帆船要大得多。

地图中位于印度洋中部的一处题记写道："通过这片海域的海船或中国帆船装备有4根或更多的可升降桅杆，并为商人准备了40～60个船舱。"这表明当时的船只已经具备了相当先进的航海技术和相当大的规模。

邮票雕刻大师马丁·莫克雕刻的郑和宝船图

几千年来，南大西洋的风和洋流在好望角、佛得角群岛和南美洲之间呈逆时针方向循环流动，这股洋流被称为"本格拉寒流"。它不仅可以将船只引向南美洲，还可以沿着南美洲东海岸一路南下，经过巴西、阿根廷，最终到达火地岛和合恩角。

中国有关郑和下西洋的海图和记录在郑和去世后都已经被毁了。那么，如何找到中国人当时航行到非洲西海岸的证据呢？孟席斯找到了收藏在日本京都龙谷大学的《混一疆理历代国都之图》。这是明永乐元年（1403年）由朝鲜使臣为朱棣称帝呈贡的贺礼的副本，原图已在中国失传。而日本收藏的龙谷版是永乐二十年（1422年）经过广泛修订的版本，其对非洲东海岸、西海岸和南海岸的绘制非常精确。绘图者如果没有亲身到过那里，是绝对无法绘制出如此精确的地图的。而欧洲人直到60年后才到达南非。

在今天佛得角群岛的位置，当年中国船队因两股洋流而分开。一部分船向北航行，由船队司令周闻率领，经加勒比海航向北美洲；另一部分船由洪保将军和周满将军率领，继续借助"本格拉寒流"向南美洲航行。

大约3周后，洪保将军和周满将军率领的船队抵达巴西海岸。这里可能就是南北朝时期南齐僧人惠深所说的"扶桑国"。船员们是否见到了被称为扶桑树的龙舌兰呢？

根据皮里·雷斯地图的记录，孟席斯认为，此后郑和船队沿着南美洲东岸向南航行，到达了后来被称为麦哲伦海峡的海域，并进入太平洋。在这里，船员们或许亲历了显著的昼夜长短变化，目睹了海面上不时漂过的浮冰和冰山。地图上的文字记录显示："葡萄牙人的无神论者（哥伦布）称，此地白天和黑夜最短的每天只有 2 小时，而最长可达到 22 小时。" 这表明最初绘制这张地图并做题记的人肯定已经深入南纬60° 区域了，甚至到过火地岛最南端，亲眼见识过南美洲和南极半岛的浮冰区域。

根据皮里·雷斯地图的题记以及地图上标注的冰的位置，可以确定这些冰群位于南美洲最南端，这是浮冰所能到达的最北极限。地图上还精确描绘了巴塔哥尼亚高原的东海岸，从白角（Cabo Blanco）到麦哲伦海峡入口之间的岬角、海湾、河流、入海口和港口的位置。此外，地图上还绘制了一些动物。

　　孟席斯注意到地图上描绘的 5 种动物，并为了验证这些动物是否生活在巴塔哥尼亚高原，他在南美洲进行了实地对照研究。

智利发行《南部国家公园 50 周年》邮票小全张

　　第一种动物是安第斯山鹿，这种鹿至今仍在地图标注的区域大量繁衍。第二种动物是南美羊驼，属于驼类，至今仍栖息于安第斯山脉。第三种动物是美洲狮，这种动物如今也能在安第斯山脉和巴塔哥尼亚高原觅得踪迹。另外两种动物则较难确认：一种形似"头部位于身体中间、赤身且长胡须的人"。孟席斯认为这是火地岛上的原始人。达尔文在访问火地岛时也见过他们几乎赤身裸体。皮里·雷斯的绘图师在重新绘制时，将原图中站立的人画成低头弯腰的姿态，以便用浓密的胡须遮住生殖器，而不是"完全裸露"。最后一种动物看似"长着狗头的人"，在传说中多有提及。地图上有两条题记描述这种动物："此地有如此形状的野兽。""它的体长为七指距（这个单位距离相当于一只手五指叉开，从大拇指指尖到小拇指指尖的距离），但双眼之间的距离只有一个指距，据说这种动物性情温顺。"

孟席斯认为，皮里·雷斯地图上描绘的其他巴塔哥尼亚动物相当准确，这些动物至今仍生活在地图标注的区域。如果这种"狗头人"真的存在，它们的活动范围可能在阿根廷圣克鲁斯省的南部或智利麦哲伦省的北部。孟席斯最终推测，这种动物可能是已经灭绝的南美洲大树懒。1834年，达尔文在巴塔哥尼亚发现了这种动物的

阿根廷发行《大树懒》邮票

遗骸，研究表明其身高可达 3 米甚至更高。它们性情温顺，大部分时间在睡觉，因其肉质被当地土著视为美食，大约在 300 多年前被过度捕食而灭绝。

从这些动物和人类的描绘来看，可以确定皮里·雷斯地图所标注的位置无疑是今天的南美洲安第斯山脉和巴塔哥尼亚高原。

根据皮里·雷斯地图所绘出的范围，当时中国船队已经航行至南美洲最南端以南，甚至到达了南极半岛。船队沿着南极半岛的布兰斯菲尔德海峡向南航行，经过了南设得兰群岛。虽然无法确切得知船队是否在其中某座小岛上登陆，但值得注意的是，乔治王岛正是 560 年后中国在南极洲建立第一座科考站的所在地。

中国船队还经过了如今被称为雪丘岛、利文斯顿岛和欺骗岛的地区。在皮里·雷斯地图上，欺骗岛被特别标注为"此地炎热"，这表明当时船队已经知晓该岛存在火山和地热活动，甚至可能在海滩上泡过温泉。

船队穿过南极圈后，停靠在南纬 68° 的海域。当时的南极半岛尚未有人类足迹，是动物的天堂。

中国船队在航行过程中一边绘制航海图，一边前进，这是一项非常缓慢且艰苦的工作，也是该船队在 1421—1423 年"失踪"3 年的原因。

离开南极半岛后，船队在马尔维纳斯群岛（福克兰群岛）停靠休整，随后经大西洋驶入印度洋，从澳大利亚大陆南部进入爪哇海，最终返回中国。

麦哲伦：归来没有统帅

在智利南部小城彭塔阿雷纳斯市中心的武器广场上，矗立着一座高大的纪念碑。纪念碑的上部是著名航海家麦哲伦的全身铜像，基座部分则包括一个地球仪、一位忧郁的印第安人雕像，以及纪念麦哲伦航海成就的碑文。

1513年9月25日，西班牙探险家瓦斯科·努涅斯·德·巴尔博亚在美洲印第安向导的帮助下，穿越巴拿马地峡的群山，成为第一个见到大南海（即太平洋）的欧洲人。

这一消息传到欧洲后，欧洲人终于明白，哥伦布发现的新大陆与亚洲之间隔着一个大南海，只要能够进入大南海，就能够到达亚

PUNTA ARENAS

麦哲伦塑像明信片

麦哲伦明信片

洲，进而获取遍地的黄金和满树的香料。

　　这个消息深深吸引了灰心失意的葡萄牙人麦哲伦。他曾在 1510 年和 1511 年先后参加了葡萄牙对印度果阿和马六甲的远征。然而，当他负伤返回祖国后，只被安排了一个宫廷看门人的职位。这让他愤然辞职，返回家乡。但家乡也未能给他提供容身之所。无奈之下，麦哲伦再次参加了对摩洛哥的战斗。在与摩尔人的战斗中，他腿部受伤，导致终身残疾。命运再次捉弄了他，上司和同僚诬陷他"与摩尔人进行非法交易，未经允许擅离职守，逃回里斯本"，将他送上法庭。

　　葡萄牙国王曼努埃尔一世已经对这位昔日的功臣失去了信任，对他弃之如敝履。因此，当麦哲伦请求前往他国谋生时，葡萄牙国王毫不犹豫地批准了他的请求。

　　麦哲伦来到西班牙后，向西班牙国王呈上了他准备向西航行以寻找香料群岛的计划。西班牙国王对麦哲伦的计划非常满意。因为这条向西的航线不仅可以到达香料群岛——马鲁古群岛，而且不会违反 1494 年签署的《托尔德西里亚斯条约》。该条约由教皇亚历山大六世仲裁，旨在解决葡萄牙和西班牙因争夺殖民地而产生的纠纷。

条约规定，在西经 46°37′ 处划一条分界线，称为"教皇子午线"。分界线以东属于葡萄牙的势力范围，以西属于西班牙的势力范围。

1518 年 3 月 22 日，西班牙国王为麦哲伦提供了 5 艘军舰，并与他签订了远航协定。协定规定，麦哲伦将担任他未来航行中发现的所有地区和岛屿的总督，这一职位可以传给他的子孙后代。此外，麦哲伦还可以获得新发现地区全部收入的二十分之一。同时，协定保证在未来 10 年内，不允许其他人进行类似的探险活动。

1519 年 9 月 20 日，麦哲伦登上旗舰"特立尼达"号，率领由"圣地亚哥"号、"康塞普西翁"号、"圣安东尼奥"号和"维多利亚"号共 5 艘船只以及 237 名水手组成的舰队，从西班牙圣卢卡尔启航，进入大西洋，踏上了充满未知与危险的航程。

1520 年 3 月 31 日，麦哲伦船队来到了巴西海岸附近的圣胡利安湾，准备在这里越冬。但由西班牙人主导的"康塞普西翁"号和"维多利亚"号的船长公然拒绝服从麦哲伦的命令，并在 4 月 1 日夜间率领船员袭击并控制了"圣安东尼奥"号。此时，麦哲伦手中只有旗舰"特立尼达"号和相对较小的"圣地亚哥"号仍然忠诚于他。

麦哲伦迅速采取行动，果断反击叛乱者。他出其不意地斩杀了"维多利亚"号的叛乱首领路易斯·德·门多萨。随后，"康塞普西翁"号的船长加斯帕尔·德·凯赛达被判处死刑，"圣安东尼奥"号船长胡安·德·卡塔基纳则被流放到巴塔哥尼亚海岸，任其自生自灭。此外，还有 38 名参与叛乱的船员被判处死刑，但最终他们被赦免，并被允许重新加入船队。

麦哲伦成功挫败了叛乱，但部分被赦免的船员后续仍引发了问题。

1520 年 10 月 21 日，麦哲伦船队航行至南纬 52° 的南美洲海岸时，发现了一个深深的凹口。麦哲伦将其命名为"维金角"，并推测这可能是通往"大南海"（即太平洋）的海峡。

他派"圣安东尼奥"号和"康塞普西翁"号前去探路，带回的消息显示，整条水道中的水都是咸的，没有发现河流的淡水注入。面对是否继续前行的选择，麦哲伦征求了船长们的意见，尽管部分船长反对，但麦哲伦仍决定继续前进。

在细狭的水道中航行充满了危险，狂风暴雨是常态，而暗礁和浅滩更是随时可能引发灾难。麦哲伦经常亲自乘坐小舟勘探航道，为船队引水。经过一个多月的艰难航行，11 月 28 日，一片浩瀚无垠的大海展现在麦哲伦眼前，这证明他们穿过的确实是一条连接大西洋和太平洋的海峡。为了纪念麦哲伦的航行，这条海峡后来被命名为"麦哲伦海峡"。

令人意想不到的是，"圣安东尼奥"号不见了，麦哲伦以为它遇险了，但事实上，它已经逃回里斯本。叛逃者还开启了恶人先告状的模式，诋毁麦哲伦的航行。加上之前在巴塔哥尼亚沉没的"圣地亚哥"号，此时船队只剩下 3 艘船了。

进入太平洋后，麦哲伦船队满怀希望地准备在一个月左右到达香料群岛。然而，他们严重低估了太平洋的广袤。在无边无际的海面上航行了超过 100 天后，食物已经耗尽，船上的老鼠甚至成了珍贵的食物，售价高达半个杜卡特金币，而且供不应求。为了生存，船员们开始食用包裹缆索的牛皮。这种被风吹日晒雨淋的牛皮坚硬如石，船员们将其在海水中浸泡四五天，稍微变软后，用火烤一下，迅速吞下。饮用水也变质发臭了，但为了不被渴死，他们只能捏着鼻子喝下去。最后，船员们甚至用面包屑拌锯末来勉强果腹。这段接近崩溃的"饥饿之旅"夺走了 19 名船员的生命。

然而，就在剩下船员感到自己即将死在茫茫大海上时，瞭望台上的船员大喊："陆地！"原来，他们已经穿过了浩瀚的太平洋，来到了今天马里亚纳群岛附近的海域。在这里的某座岛屿上，船队弄到了新鲜的淡水，并抢劫了岛上原住民的鸡、猪和各种水果，终于从死神手中逃脱，回到了人间天堂。

1521 年 3 月，麦哲伦在寻找马鲁古群岛的过程中发现了一片新的群岛，并将其命名为"蓝色群岛"。后来，为了纪念西班牙国王之子、当时的菲律宾亲王（后来的菲利普二世），这个群岛被更名为"菲律宾群岛"。这一发现对麦哲伦的身份产生了重大影响。根据他与西班牙国王签订的协定，如果麦哲伦发现 6 座以上的岛屿，其中两座将归他和路易·法利罗（著名的星象学家，也是麦哲伦的占星师）所有。因此，麦哲伦一夜之间成了自己王国的国王，并且成了当时世界上最富有的人之一，这些财富和地位是可以世袭的。

1521 年 4 月 7 日，麦哲伦船队抵达菲律宾群岛的宿务岛。在这里，麦哲伦船队受到了当地国王的热烈欢迎和款待。当麦哲伦下令鸣放礼炮时，巨大的炮声让当地国王和臣民惊恐万分，他们绝望地四散奔逃。

通过麦哲伦从马六甲买下的奴隶恩里克的翻译，麦哲伦向当地国王解释，这种可怕的"雷声"并非惩罚或敌意，而是对他的敬意。在见识了火炮的威力后，当地国王家族和臣民相信麦哲伦船队是雷电的主宰者，是神的代理人。随后，附近岛屿的国王家族和臣民也纷纷来到宿务岛，宣誓效忠西班牙。

然而，宿务岛对面的麦克坦岛的首领并不服宿务岛国王的统治，更不理会麦哲伦的警告。他回应道：他的人民也装备了武器，虽然这些武器是用竹子和木杆制成的，但枪头很锋利。他警告麦哲伦，如果不信，可以亲自尝尝它们的厉害。

于是，麦哲伦决定征讨麦克坦岛。1521 年 4 月 27 日凌晨，身穿重甲的西班牙人与赤身的当地武士在海滩上展开了激烈的战斗。由于距离太远，火绳枪无法有效击中目标，而退潮导致麦哲伦的船队无法靠近岸边，火炮也无法发挥威力。在近身搏斗中，沉重的铠甲反而成为西班牙人的累赘，当地武士专门攻击西班牙人没有防护的腿部。麦哲伦也被一支毒箭射中腿部，这使得原本瘸腿的他更加难以逃脱。随着他的同伴们纷纷被麦克坦岛的武士们击杀，麦哲伦最终死于乱军之中。

今天，在菲律宾麦克坦岛北岸海滨的椰林边矗立着一座纪念碑，碑身上镌刻着："1521 年 4 月 27 日，西拉普拉普和他的武士们，在这里打败了西班牙入侵者，杀死了他们的首领麦哲伦。"西拉普拉普因此成为第一个击退欧洲人侵略的菲律宾人。

麦哲伦及 8 名西班牙人在战斗中死亡，使得之前关于"白人天神"的光环迅速消退。宿务岛国王感到自己被愚弄了，开始对剩余的船队人员进行报复。1521 年 5 月 1 日，宿务岛国王设下"鸿门宴"，杀死了 29 名前来赴宴的西班牙人，其中包括经验丰富的船长巴尔博查和若奥·谢兰。剩余的 3 艘船没有去救援，只是开了几炮后便逃离了现场。

在此后的航行中，残存的船队于 1521 年 11 月抵达马鲁古群岛中的蒂多雷岛。他们用船上的物品与当地土著交换了大量的香料，以及维持生命的水果、蔬菜和淡水。

在返回欧洲的途中，已经成为"维多利亚"号指挥官的巴斯克人胡安·塞巴斯蒂安·埃尔卡诺于 1522 年 3 月 18 日发现了位于印度洋上、距离圣保罗岛很近的阿姆斯特丹岛。该岛在 17 世纪被航海家多次记录。1633 年，荷属印度总督安东尼奥·范·迪门以他的船只名称将其命名为新阿姆斯特丹岛。1696 年，荷兰航海家威

2022 年法属南方和南极领地发行《纪念发现阿姆斯特丹岛 500 周年》邮票小型张

法属南方和南极领地为发行《纪念发现阿姆斯特丹岛 500 周年》邮票小型张制作的
宣传卡（正面）

廉·德·弗拉明乘坐"诺瓦拉"号寻找一艘失踪船只时，成为第一个登陆该岛的人。

19 世纪，阿姆斯特丹岛与圣保罗岛一样，主要由渔民、捕鲸者和海难幸存者使用。

1892 年 10 月，阿姆斯特丹岛正式归属法国，成为法属南方和南极领地（TAAF）的一部分。

阿姆斯特丹岛位于东经 77° 33′ 17″，南纬 37° 49′ 33″。该岛是一个火山岛，目前处于非活动期。岛屿面积为 55 平方千米，最高海拔 867 米，位于德·拉·迪夫山。阿姆斯特丹岛是亚南极带岛屿中少数有树木覆盖的岛屿之一。岛上常住人口约 20 人，主要为科学考察人员。通常所说的阿姆斯特丹群岛还包括南部的圣保罗岛，圣保罗岛面积为 8 平方千米，无人居住。

法国在阿姆斯特丹群岛设有气象站和地理研究所，并在此开展大气污染研究。

1522 年 9 月 8 日，"维多利亚"号载着仅存的 18 名船员驶入西班牙塞维利亚港，完成了人类历史上第一次环球航行（历时近 3 年），但遗憾的是，船队的统帅麦哲伦已经不在人世。

在麦哲伦船队中，有一位来自意大利威尼斯的水手，名叫安东尼奥·皮加费塔。他在航行期间，每天都将航行情况详细记录在日记中，为麦哲伦的环球航行留下了详尽的历史记录。现存的麦哲伦在航行中所写的文件由葡萄牙保存，这些文件是在被查扣的"特立尼达"号上发现的。

在"维多利亚"号停靠佛得角群岛时，皮加费塔发现了一个令人困惑的现象：当地是星期四，而船上记录的时间仍然是星期三。船上所有人都确信是星期三，却无法解释为何"丢失"了一天。

直到 362 年后的 1884 年，国际经度会议才为这个问题给出了明确的解释。会议规定了一条国际日期变更线，这条线位于太平洋中的 180° 经线上，作为地球上"今天"和"昨天"的分界线，因此被称为"国际日期变更线"。按照规定，凡越过这条变更线时，日期都要发生变化：从东向西越过这条界线时，日期要加一天；从西向东越过这条界线时，日期要减去一天。

Amsterdam : le plateau des Tourbières

Amsterdam : le cratère Antonelli

Amsterdam : le bois de Phylica

阿姆斯特丹岛风光明信片

Amsterdam : la Caldeira

04

世界的"肚脐"——复活节岛

在南太平洋的浩瀚碧波中，有一座孤零零的小岛，它就是神秘的复活节岛。

1722年4月5日，荷兰海军上将雅各布·罗格文率领一支舰队在南太平洋上航行，希望找到传说中的"未知的南方大陆"。负责瞭望的水手突然发现远方的海面上有一个绿点，看上去像陆地，他立即向罗格文汇报。罗格文听后感到非常惊讶，因为海图上此处并未标明任何陆地。他随即命令舰队改变航向，驶向那个未

2022年法属波利尼西亚发行《纪念荷兰海军上将雅各布·罗格文在波利尼西亚考察300周年》邮票

知的绿点。随着船只逐渐靠近，罗格文确认那确实是一座岛屿。于是，他用墨笔在海图上标记了一个黑点，并在旁边注上"复活节岛"，因为这一天正是西方的复活节。罗格文或许未曾想到，他在海图上的这一笔，为世界上最令人困惑的一座岛屿命名了。

复活节岛地势起伏，山峦层叠，其中拉诺·拉拉库火山在蓝天的映衬下显得格

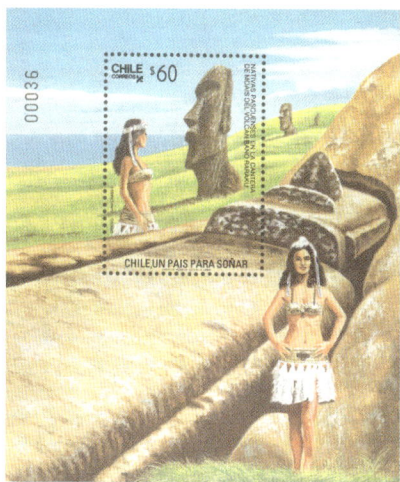

1996 年智利发行《复活节岛石像》邮票小型张

外雄伟。岛上遍布着用石块砌成的墙壁、台阶和庙宇。在岛的南部，探险者们发现了一段巨大的石墙残迹，石墙后面排列着数百尊巨大的石像。这些石像背朝大海，矗立在海岸边，其表面雕刻着人物和飞鸟等图案。石像矗立在巨大的石头平台上，面部表情栩栩如生，有的宁静安详，有的怒目圆睁。

在拉诺·拉拉库火山的山坡上，也有许多类似的巨型石像。这些石像至少有 10 米高，均由整块石头雕刻而成。

此外，在拉诺·拉拉库火山口的碎石堆中，还躺着 150 尊左右未完成的雕像，旁边散落着石锛、石斧和石凿等石制工具。显然，这些是当年雕刻石像时遗弃的工具。

罗格文认为这座岛屿既不是传说中的"未知的南方大陆"，也不是其他探险家曾提及的小岛，而是一个全新的发现。于是，他召集全体人员开会，拟定了一份宣布发现新土地的决议，舰队中的所有舰长都在这份文件上签了字。此后，复活节岛被正式绘入海图，逐渐为外界所知。

在接下来的 100 年间，有多支探险队到访复活节岛。

1770 年 11 月，两艘西班牙探险船抵达复活节岛，由唐·菲利普·冈萨雷斯·伊·埃多率领。他们在岛上停留了 6 天，并绘制了复活节岛的第一幅地图。

1774 年 3 月 14 日，著名探险家库克船长率领"决心"号和"冒险"号经过复活节岛附近海域。由于岛上缺乏足够的新鲜食物和饮用水，他们只停留了 3 天。

1786 年 4 月 9 日，由让·弗朗索瓦·德·拉彼鲁兹率领的法国南太平洋探险队（由"星盘"号和"罗盘"号组成）抵达复活节岛，并对岛上进行了详细的考察。

拉彼鲁兹船长在离开复活节岛后，于 1787 年 9 月派遣一名随从携带探险队的航海日记、计划和地图，从俄国的彼得罗巴甫洛夫斯克港出发，通过陆路返回法国。随从带回的信件显示，法国船队此前从南美洲大陆启航，横渡太平洋，于 1787 年抵达中国澳门，随后北上穿越日本海，到达鞑靼海峡最狭窄处后改变航向，经宗谷海峡抵达堪察加半岛。此后，船队从鄂霍次克海与白令海向南折返进入太平洋，沿途探访了南太平洋的萨摩亚群岛和复活节岛等岛屿。

关于这支法国船队的最后消息是 1788 年 3 月，拉彼鲁兹率领船队从澳大利亚的植物学湾启航。此后，这支法国船队便神秘失踪，再无音信。

38 年后的 1826 年，两艘失事船只的残骸在新赫布里底群岛（现称瓦努阿图）的瓦尼科罗岛的岩礁上被发现。经过勘察，确认这些残骸属于拉彼鲁兹的船队，但没有发现幸存者。据事后与当地土著岛民了解，船只失事是风暴所致，而幸存的人员则死于土著的攻击。

罗格文将这座岛屿命名为复活节岛，这是荷兰人的称呼。西班牙人和拉丁美洲各国则称其为"伊尔·德·帕斯夸"，也是"复活节岛"的意思。其他欧洲国家也各自用本国语言将其称为"复活节岛"。

然而，当地的土著居民又是如何称呼自己的土地呢？

波利尼西亚人以及太平洋诸岛的土著居民将复活节岛称为"拉帕·努伊"（意为"大拉帕岛"），与"拉帕·伊基"（意为"小拉帕岛"，位于复活节岛南方）相对应。复活节岛的居民则将自己的家乡称为"特·皮托·奥·特·赫努阿"，意为"世界的肚脐"或"世界的中心"。

一个地处南太平洋的孤岛，为何会自称为"世界的肚脐"或"世界的中心"呢？这个富有诗意的名称是该岛的原始名称，还是一种形象的表达方式呢？

戴红色"普卡奥"的"莫阿依"

岛上唯一镶嵌着眼睛的"莫阿依"

如今，当我们乘坐飞机在万米高空俯瞰浩瀚无垠的太平洋时，会吃惊地发现：阳光照耀下的太平洋，整个洋面会反射出一片白光，使人联想到柔软的肚皮，而复活节岛所处的位置恰似肚皮上的肚脐眼。然而，复活节岛的土著坚信这座岛屿是"世界的肚脐""世界的中心"，并且代代相传这一说法。难道古代岛民曾在万米高空俯瞰过自己的家园吗？显然不可能。

岛上最早用石头建成的祭台和墓冢被称为"阿胡"，耸立在这些"阿胡"之上的是震惊世界的石像——"莫阿依"。在塔海有3组共7座"莫阿依"，其中一组有5座，另外2座则单独竖立。其中一座"莫阿依"戴着一顶被称为"普卡奥"的硕大的石制红色圆柱形帽子，并镶有一对威严的眼睛。据说，这是全岛唯一镶嵌着眼睛的"莫阿依"。

塔海石像群前的地面上排列着两组船形屋的基座。这种石屋的形状颇像一艘倒扣过来底朝上的船，仅在边缘有一处狭窄的通道可供进入内部。其长度为 5 ~ 20 米，宽度为 2 ~ 3 米，高度不超过 2 米，可容纳 20 ~ 30 人。石屋的地基由切割得大小一致的大石头组成，石头上有一些洞，据说是用来安放"Ti"（屋梁）的。这种屋梁是用当地精选的芦苇秆制成的。在多雨的季节，这种石屋是理想的避雨场所，直到 19 世纪末，当地原住民仍然居住在这种椭圆形的芦苇石屋里。

此外，在山坡上还有两处石制鸡窝的遗址。这些鸡窝面向大海的一面有 2 ~ 3 个出入口。当太阳下山时，家禽被赶进去后，原住民用石块封住出入口。这些遗址是在 1969—1970 年由智利大学、美国怀俄明大学和国际遗址基金会联合发掘、整理并修复的。

潮起潮落塔海边

在另一处山坡下，有一座半地下的山洞遗迹，这曾是一处神圣的祭祀圣地。如今，它已成为游客怀古的场所。一些具有现代商业意识的岛民在这里摆摊，出售各种"莫阿依"的仿古工艺品，以此换取外汇。距离这里仅百步之遥，便是南太平洋那片蔚蓝色的海水，波涛不断地拍打着海滩边的黑色火山岩，瞬间化作无数白色的浪花。

草裙舞是南太平洋波利尼西亚文化中极富代表性的传统舞蹈，因舞者身着由当地植物编织而成的草裙而得名。当太阳的最后一抹余晖洒在海平面上时，健壮的乐手们奏响了波利尼西亚人特有的乐器，乐声伴随着海浪的涛声，在南太平洋的海风中飘荡。明亮的火把在海风中摇曳，吸引着一群群婀娜多姿的少女，她们用优雅的舞姿向人们讲述着本民族的历史。

很久很久以前，一群勇敢的航海者历经千辛万苦，登陆南太平洋诸岛。他们在岛上种植薯类作物，饲养牲畜，下海捕鱼，潜水采珠，繁衍生息。经过漫长的岁月，他们逐渐形成了波利尼西亚人特有的文化艺术。草裙舞便是这一文化传承的重要载体，它不仅展现了波利尼西亚人对生活的热爱，也承载着他们对祖先的敬仰和对自然的敬畏。

考古学研究表明，早在 398 年复活节岛上就已经有人类居住。复活节岛的居民将所有具有传统意义且经过世代传承而被神圣化的事物，都归因于霍多·玛多阿时代。霍多·玛多阿既是岛民传说中的领袖，也是复活节岛上的第一位统治者。

近年来，一种颇受关注的观点认为，复活节岛的居民和波利尼西亚诸岛的最早居民可能源自古代秘鲁，他们是白色印第安人的后代。持这一观点的代表人物是挪威探险家托尔·海尔达尔。

由于复活节岛位于太平洋最东边的波利尼西亚群岛和南美大陆之间，且岛上有着神秘的石像，很自然地吸引了人们的目光。复活节岛的许多文化特征与南美洲的史前文化有着惊人的相似之处。复活节岛的象形文字——科哈乌·朗戈朗戈，不仅外人无法解读，就连岛民们自己也对其一无所知。在波利尼西亚诸岛中，只有复活节岛拥有这种独特的文字。

1947 年 4 月 28 日，挪威探险家托尔·海尔达尔带领 5 名同伴，乘坐按照古印加

2014 年挪威发行《托尔·海尔达尔诞辰百年》邮票首日封

人木筏式样建造的"康－提基"号木筏,从秘鲁的卡亚俄港出发。依靠风力和海流的推动,木筏航行了约 4300 海里(约 7963.60 千米),历时 101 天,经历了无数艰难险阻,最终成功抵达波利尼西亚的腊罗亚岛。海尔达尔通过这次亲身实践,证明了古代秘鲁的航海者完全有可能乘坐原始木筏跨越大洋,抵达太平洋诸岛。"康－提基"号探险队的成功航行,把复活节岛乃至整个波利尼西亚的文化与南美大陆的文化有机地联系起来。

海尔达尔认为,复活节岛和波利尼西亚的最早居民很可能来自美洲。他指出:"在秘鲁境内,曾经存在过一个至今尚未被充分了解的民族,他们创造了世界上最奇特的文化之一。然而,很久以前,他们突然消失得无影无踪,仿佛从地球上被抹去了一样。他们遗留下来的巨大石像,与皮特凯恩岛、马克萨斯群岛和复活节岛上的石像极为相似。"

圣城奥朗戈位于复活节岛西南端的拉诺·卡奥火山口旁。这里遗留有 15 座鸟人石屋和许多雕刻在岩石上的鸟人形象浮雕。建造这些鸟人石屋的石板均采自拉诺·卡奥火山口。遗址下方是悬崖和大海,从这里可以清晰地看到海中的 3 座小岛,它们分别是莫托·伊基岛、莫托·努伊岛和莫托·卡奥卡奥岛。这些小岛上山石耸立,

2022 年秘鲁为纪念"康－提基"号探险队
75 周年发行异形邮票小型张

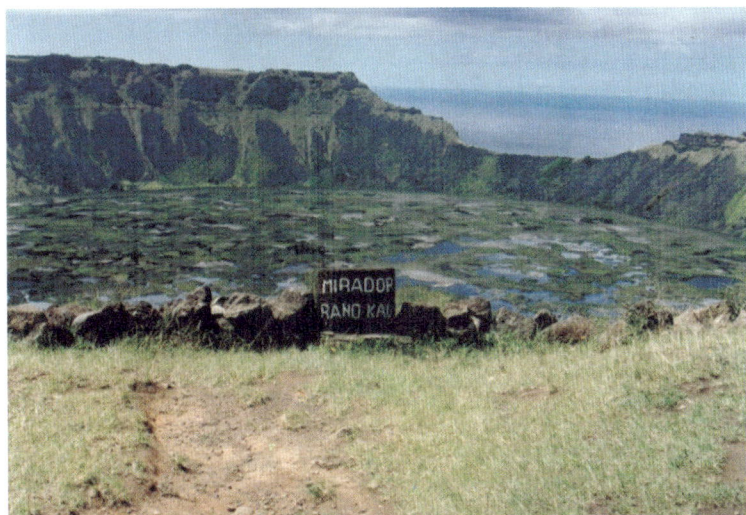

"鸟人"遗址附近的拉诺·卡奥火山口，现已成为一座火山湖

危岩峥嵘，虽从未有人居住，却是海燕的栖息地。复活节岛人曾在奥朗戈和这些小岛上举行挑选"鸟人"的仪式。

所谓"鸟人"仪式，是复活节岛各部族的一项古老传统。每年，每个部族会挑选一名强壮的勇士，渡海前往莫托·努伊岛，在岛上的洞穴中等待海燕的到来。复活节岛人坚信，海燕是神麦克麦克派来的使者。

第一个获得海燕蛋的勇士，会迅速跑到海岸边的岩石上，向对岸等待的本部族代表高喊："快剃头！蛋是你的！"随后，他跳入波涛汹涌的大海，洗净鸟蛋，用带子将蛋绑在头上，划动双臂，游回复活节岛。

回到岛上后，他手持鸟蛋，迅速跑向奥朗戈。按照岛上的传统，第一个将鸟蛋送到奥朗戈的人，无论来自哪个部族，都将被尊为全岛的领袖，享有一年的统治权。

智利历年发行的复活节岛主题邮票和小型张

他会被剃光头发和眉毛，被授予"坦加塔·玛努"的称号，意为"鸟人"。这一年也会以他的名字命名，岛民们会将他视为神的化身来尊敬。

这种挑选"鸟人"的仪式年复一年，代代相传，直到 1862 年秘鲁海盗袭击复活节岛，最后一个"鸟人"去世，这一仪式才被迫终止。

1770 年 12 月 15 日，西班牙船长唐·菲利普·冈萨雷斯·伊·埃多来到了复活节岛。他绘制了复活节岛的地图，并在岛上竖立了 3 个十字架，宣布该岛归西班牙所有。当他要求岛民首领在归属文件上签字画押时，他惊讶地发现，岛上居然有自己的文字。首领们在文件上画了一些具有象征意义的古怪符号。

1864 年，第一位踏上复活节岛的法国传教士埃仁·埃依洛首次看到了刻有这种古怪符号的木板。岛民们称这些木板为"科哈乌·朗戈朗戈"，意为"会说话的木板"。

这些文字究竟是什么？木板上刻满了各种奇怪的图画符号，包括大眼睛的奇特生物的头、鸟人、海豹、龙虾、各种昆虫，以及形似月亮、星星和山脉的符号。当然，更多的符号无人知晓其含义。

这种文字的书写方式也很特别，采用所谓的"颠倒回转书写法"，即一行从左到右，下一行从右到左，再下一行又从左到右，每一行相对于上一行都是颠倒的。这种书写方式与南美印加帝国之前的书写法相似，也被称为"颠倒耕田式书写法"。

然而，这些古怪的符号究竟是文字吗？它们是如何产生的？又是谁将它们刻画在木板上的？更重要的是，这些文字的意义是什么？于是，寻找这类木板、解读古文字的热潮开始了。

埃仁·埃依洛说："在复活节岛每个居民的家中，几乎都有木板或棍子，上面布满了用黑色火山玻璃刻写的象形文字。"的确如此，复活节岛曾经有数百块这样的木板，但如今留存下来的却很少。人们历经千辛万苦，才偶然发现了 26 块木板。

复活节岛被外界知晓后，多次遭受西方殖民者和海盗的袭击。最惨重的一次发生在 1862 年，秘鲁海盗分乘 6 艘船抓走了岛上 1000 余人，将他们运往南美沿岸的钦查群岛开采鸟粪。这种暴行通过塔希提主教向世界披露后，引发了英法两国的强烈抗议。面对国际舆论的压力，秘鲁政府不得不采取措施，下令释放这些岛民。但为时已晚，1000 余名复活节岛民中只有 100 余人幸存。然而，这 100 余人在返回复活节岛途中又染上了天花，最终只有 15 人返回故乡。与此同时，天花也随这 15 人传入复活节岛，导致那些躲过秘鲁海盗袭击的幸存者纷纷倒下。

1866 年，法国传教士埃仁·埃依洛来到复活节岛。传教士们没有花费太多精力，就使那些幸免于难的岛民接受了洗礼。随后，埃仁·埃依洛下令烧毁那些科哈乌·朗戈朗戈木板，以摒弃岛民过去的传统。于是，这些珍贵的象形文字被付之一炬。有些岛民于心不忍，偷偷将一些木板藏入只有自己才知道的洞穴中。还有一位岛民舍不得烧毁这些木材，便用木板造了一条小船。多年后，当这条小船破裂被拆毁时，人们才发现船木全是科哈乌·朗戈朗戈木板。

1915 年，英国女学者凯瑟琳·劳特列吉来到复活节岛。她特别重视寻找那些还记得古老文化的老人。劳特列吉了解到，有一名叫托曼尼卡的老人懂得古老的文字，是岛上的文字专家。于是，她前去拜访这位老人。然而，托曼尼卡当时已重病缠身，整日躺在岛上的麻风病院里，度着自己的风烛残年。她的拜访没有任何结果，因为一提到那些古老的文字，老人就沉默不语。劳特列吉后来遗憾地说："我又尝试了一次，但仍然是徒劳无益，只好与他告别……两个星期后，这位老人就去世了。"

复活节岛的文字如此神秘，吸引了语言学家、文学家、考古学家、新闻记者和氏族首领纷纷加入解读科哈乌·朗戈朗戈木板的行列。然而，百年转瞬即逝，这种古老而神秘的象形文字如同复活节岛上那紧闭双唇的"莫阿依"巨像，始终没有向外界透露任何信息。

1985 年，我的父亲参加了中国首次南极科学考察。回国后，他带回了一本在智利出版的画册，名为《复活节岛》。兴奋之余，我将这本画册全部翻译成中文，刊登在《地理知识》杂志上。通过这本画册，让大家对复活节岛有了更深入的了解。

1991 年，我的父亲再次踏上南极之旅，参与了中国第七次南极科学考察。在返回途中，他顺便访问了复活节岛。他特意为我购买了许多印有神秘石像图案的明信片，每张明信片上都盖有纪念复活节岛归属智利 100 周年的邮戳。

1888 年 9 月 9 日，智利海军正式接管了复活节岛。1966 年，智利政府发布政令，设立了一个新的行政区域，即复活节岛行政区域，该区域隶属于瓦尔帕莱索省。1988 年，为纪念智利接管复活节岛 100 周年，智利发行了一套 4 枚的纪念邮票，图

2013 年智利发行《复活节岛》纪念邮资明信片

复活节岛归属智利 100 周年纪念邮戳

案分别是当时的海军司令波利卡波·托罗、复活节岛在世界地图上的位置、当地传统的民族舞蹈表演，以及火山口附近的石刻鸟人图案。同时，智利还发行了一枚邮票小全张，其图案与邮票相同，邮票小全张的边框装饰着至今无人破解的科哈乌·朗戈朗戈木板上的象形文字符号。

　　自 1940 年智利首次为纪念接管复活节岛 50 周年发行"复活节岛"主题邮票以来，复活节岛已成为智利发行的系列邮票主题之一，几乎每隔几年，智利就会发行相关主题的邮票。

1998 年法国发行"联合国教科文组织"
系列邮票——《复活节岛"莫阿依"石像》

　　1995 年，复活节岛被联合国教科文组织列入世界文化遗产名录。1998 年，法国发行年度"联合国教科文组织"（联合国教科文组织总部在法国巴黎）系列邮票时，也将复活节岛上的"莫阿依"石像印在了邮票上。

　　1999 年，我有幸参加了中国第 16 次南极科学考察队。在前往南极的途中，我意外地在复活节岛停留了 5 天，并用邮品记录了这次难忘的旅程。

　　复活节岛上只有一个邮局，其外观并不显眼。邮局门口的小木牌上明确标注了营业时间：上午 9 时至下午 4 时，同时特别注明周六、周日以及法定节假日均不营业。走进邮局内部，发现其规模相当小，仅有两名女营业员在岗，但她们的服务态度却非常热情。当我向她们说明想要加盖具有复活节岛特色的邮戳时，其中一位营业员递给我两枚风景日戳。这两种日戳均为正方形，大小一致。一枚日戳的图案展示了复活节岛的地图以及著名的"莫阿依"石像；另一枚日戳的图案则是海岸边的棕榈树、海鸟以及两尊"莫阿依"石像。据营业员介绍，复活节岛寄往智利国内和国外的邮件，都会先被送往首都圣地亚哥的邮政总局，然后再由那里进行分拣和处理。

　　波利尼西亚文化三角是太平洋上众多海岛文化中最为重要的一种。这一文化区域呈巨大的三角形分布，其北面是夏威夷群岛，西南是新西兰，东南则是神秘的复活节岛。

复活节岛邮局外景（卜海军 / 拍摄）

复活节岛风景日戳

复活节岛邮局内的营业柜台（卜海军 / 拍摄）

库克船长否认"南方大陆"的存在

位于新西兰基督城的库克船长塑像

古希腊哲学家柏拉图（前 427 年—前 347 年）认为地球呈圆形。他的学生亚里士多德（前 384 年—前 322 年）通过观察月食时地球影子在月球表面的圆形边缘，进一步证实了地球是球形的，这一发现为地球的形状提供了有力的证据。

基于地球是一个球体的观点，古希腊哲学家们从逻辑推理的角度提出了一个大胆的设想：既然已知的大陆（如欧洲、非洲和亚洲）都分布在北半球，那么为了保持平衡，地球的南半球也应该存在一个大陆。否则，地球将失去平衡而倾覆。

公元 2 世纪，古希腊天文学家和地理学家克罗狄斯·托勒密完成了 8 卷本的《地理

学指南》，并在他绘制的地图上标注了一块跨越地球底部的大陆，将其命名为"Terra incognita"（未知的土地）。此后，地图绘制者纷纷效仿托勒密，在地图上标出这片未知的南方大陆，并将其位置画得更靠南方。

多年来，地图上标注的这片未知的南方大陆并未引起人们的广泛关注。许多人认为这仅仅是古代哲学家的幻想，就像当时地图上未探索的大陆和海洋被画上了许多凶猛的野兽和妖魔鬼怪一样。

随着时间的推移，人们开始关注这些古老地图上的模糊轮廓，从而开启了南极探险的历史。

1606年，西班牙航海家路易斯·瓦斯·德·托雷斯穿过了新几内亚与澳大利亚之间不到100英里（约160.93千米）宽的海峡。这个海峡后来以他的名字命名，称为托雷斯海峡，标志着人类进入了大洋洲区域。

大洋洲位于太平洋西南部和南部，是一个广袤的海域，拥有众多岛屿，如同珍珠般分散其间。对于大洋洲的范围，存在狭义和广义两种定义：狭义是指东部的波利尼西亚群岛、中部的密克罗尼西亚群岛和西部的美拉尼西亚群岛。广义是指除上述三大群岛外，还包括澳大利亚、新西兰和新几内亚岛（伊里安岛）。

三大群岛中，美拉尼西亚群岛的居民多为肤色偏黑的美拉尼西亚人，他们使用美拉尼西亚语。美拉尼西亚意为"黑人群岛"。密克罗尼西亚群岛的居民多为身材中等、棕色皮肤的密克罗尼西亚人。整个密克罗尼西亚群岛由约2500多座小岛组成，因此在当地语言中意为"小岛群岛"。波利尼西亚群岛的居民多为身材高大、皮肤呈深褐色的波利尼西亚人。在波利尼西亚语中，波利尼西亚群岛意为"多岛群岛"。

在17世纪前，大洋洲的社会结构主要处于原始社会和奴隶社会阶段。西方航海家的到来打破了这片海域的社会平衡和生活宁静。

令人遗憾的是，托雷斯并不知道澳大利亚就在附近，因此错过了发现这片广阔土地的机会。

1642年11月，荷兰航海家和探险家阿贝尔·塔斯曼发现了澳大利亚东南方向的一座岛屿，并将其命名为塔斯马尼亚岛。12月，他发现了今天的新西兰。次年1月，他发现了汤加，2月又发现了斐济群岛。荷兰航海家们，包括塔斯曼在内，多次抵达

汤加发行《阿贝尔·塔斯曼发现汤加群岛》邮票

柬埔寨发行
《路易·安托万·德·布甘维尔》邮票

澳大利亚沿岸，并将澳大利亚西海岸命名为新荷兰。然而，他们并没有进一步探索这些新发现的大陆和岛屿，而是止步于此。

在寻找"未知的南方大陆"的热潮中，法国航海家路易·安托万·德·布甘维尔的探险活动也值得提及。

为了推动海外殖民扩张，法国于1766年派遣了一支探险队，由布甘维尔担任队长。探险队从法国的圣马洛出发，经过麦哲伦海峡驶入太平洋，再经过萨摩亚群岛，绕过新几内亚东南部，发现了由众多珊瑚岛和小岛组成的群岛。布甘维尔还发现了所罗门群岛中的两个大岛，其中一座以他的名字命名为布甘维尔岛。随后，布甘维尔一行抵达巴达维亚（今雅加达），经毛里求斯，绕过好望角进入大西洋，最终于1769年2月返回法国，完成了法国人的首次环球航行。

1768年8月25日，一艘坚固的帆船"奋进"号悄然驶出了英国普利茅斯港。这艘船由英国皇家海军军官詹姆斯·库克指挥，对外宣称的任务是将一批科学家送往太平洋的大溪地岛，以观测金星凌日现象（即金星从太阳表面经过的天文现象）。然而，船上成员的背景和携带的装备暴露了此行的真正目的：寻找"未知的南方大陆"。

1769年1月20日，库克带领船队绕过南美洲南端的合恩角，驶入太平洋。经过几个月的航行，他们抵达了一块肥沃的土地，即今天的新西兰。经过考察，库克认为这片陆地面积较小，不太可能是"未知的南方大陆"，而更像一处大陆附近的岛屿，于是继续航行。

2012 年法属波利尼西亚发行
《在大溪地观测金星》纪念邮
资明信片（正面）

2012 年法属波利尼西亚发行
《在大溪地观测金星》纪念邮
资明信片（背面）

　　1770 年，库克一行抵达了一块更大的陆地，他误以为这就是"未知的南方大陆"，并将其命名为"澳大利亚"。他们在澳大利亚东海岸的一个海湾登陆，这个海湾后来被命名为"植物湾"——随船的英国植物学家班克斯在此地发现了许多与欧洲不同的植物，因此得名。如今，库克的登陆地被称为"公共娱乐保留地"，位于悉尼以南 30 千米处。这里是一个三面被海湾包围的半岛，丛林中矗立着库克纪念碑和班克斯纪念碑，并建有博物馆。

　　澳大利亚这片陆地原本是土著人的世外桃源。库克的发现成为其历史的转折点。1788 年 1 月 26 日，英国海军少校亚瑟·菲利普率领一支由 11 艘船组成的船队驶向"植

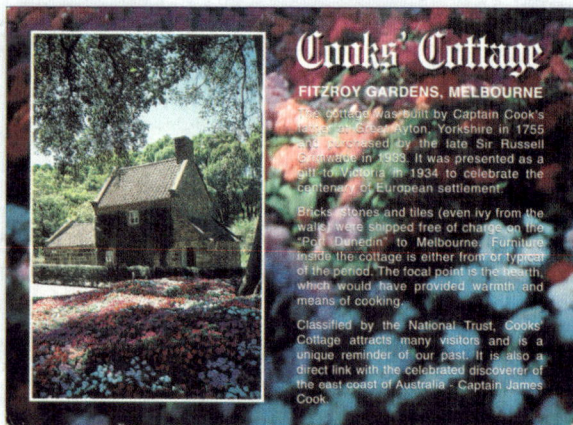

《库克小屋》纪念明信片

物湾"，船上载有 736 名流放犯，还有 600 名押送犯人的军人、军官及其他随行人员。当时的英王乔治三世为了减轻英国本土监狱人满为患的压力，决定将大批犯人流放到远离英国本土的澳大利亚。船队按照库克船长的航行轨迹先在植物湾登陆，但菲利普少校发现这里海湾地形险恶，不避风，滩浅，不利于船只停泊。于是他命令船队继续北上，最终进入风平浪静、伸入内陆的停泊地——杰克逊湾。登陆后，他们在石崖上安营扎寨，让犯人们采石筑屋、平整土地、清除杂草，逐渐建成了一处定居点，名为"岩石镇"。如今，澳大利亚最大的现代化城市——悉尼，拥有 320 万人口，面积达 1735 平方千米，就是从这里发展而来的。

　　库克曾沿海岸航行，绘制了澳大利亚地图，并继续向澳大利亚以南的海域航行，但那里除了茫茫海水外，他什么也没有发现。如今，大洋洲的众多岛屿都是当年在寻找"未知的南方大陆"的过程中被逐一绘入地图，为外界所知晓的。

　　1772 年 7 月 13 日，库克船长率领"冒险"号和"果敢"号从英国出发，再次踏上寻找南方大陆的征途。10 月底，船队进入印度洋后，尽量向南行进。然而，南纬 40°～50° 的航路充满危险，猛烈的狂风和巨浪如同天然屏障，随时可能让船只倾覆，因此海员们将这一区域称为"咆哮的 40°"和"发疯的 50°"。在持续数月

1973 年英属南极领地发行
《南极探险家库克》邮票

1995 年新西兰南极罗斯领
地发行《南极探险家库克率
领"冒险"号和"果敢"号》
邮票

的艰难航行中，因浓雾和暴风雨，"冒险"号和"果敢"号失散，库克只能率"冒险"号独自南下。

1773 年 1 月 17 日中午，库克船长率"冒险"号在东经 39° 35′ 附近的海面上穿越了南极圈，这是人类历史上首次越过南极圈的航行。经过 7 个多小时的艰难航行，他们抵达南纬 67° 15′ 处，但船只遇到坚冰，不得不停下。库克认为在此海区找到可行的航道非常困难，于是决定向北航行。在南太平洋的一些岛屿漂泊一段时间后，库克再次向南航行，并于 1773 年 12 月 18 日第二次越过南极圈。几天后，船在南纬 67° 20′、西经 137° 20′ 的海域遇到一条不可逾越的冰障，他不得不退到南纬 47° 51′。此后，库克再次南下，于 1774 年 1 月 26 日在西经 109° 31′ 处第三次进入南极圈。1 月 30 日，天气晴朗，库克航行至南纬 71° 10′、西经 106° 54′ 附近的海域，这一航行最南纪录保持了近 50 年。

1774 年 11 月，库克离开新西兰，向东穿过太平洋，直接前往南纬 54°~55° 的合恩角。1775 年 1 月 3 日，他从斯塔滕岛出发，继续寻找南方大陆。1 月 14 日，海军候补军官托马斯·威利斯发现了一片疑似冰山或陆地的景观。库克在日记中写道："现在，毫无疑问，我们看到的是陆地而非冰山，但它完全被冰雪覆盖了。"这是他在近 3 年的搜寻过程中首次看到南极景观。库克将他们登陆的地方命名为威利斯岛，位于今天的南乔治亚岛北端，以纪念第一个发现它的人。实际上，这里是一个由多座岛屿组成的群岛，现在被称为威利斯群岛。

两天后，库克抵达南乔治亚岛，并沿着东北海岸线航行。1月17日，他登陆南乔治亚岛，成为首位登陆该岛的欧洲人——这一天距他首次跨越南极圈恰好两年。登陆点位于他命名为波塞申湾的一个海滩。登陆后，他继续沿着南乔治亚岛东北海岸行进，绘制并命名了当地的地形地貌。3天后，他到达了岛屿的尽头，并将其命名为失望角。此时，他意识到这里只是一座岛屿，而非传说中的大陆。为了纪念英国国王乔治三世，他将这片土地命名为乔治亚岛。尽管他将最南端的海岬命名为"失望角"，但他表示："我必须承认，失望……对我影响不大，因为大部分地方都不具备发现的价值。"这里并非传说中富饶的南方大陆，而是一个荒凉之地，到处是高耸入云的巨石和终年积雪的山谷，没有树木或灌木，甚至连可以用来剔牙的小树枝都找不到。

1月31日，库克在南纬60°以北的地方发现了南桑威奇群岛的南端。南桑威奇群岛是一个由11座火山岛组成的约322千米长的岛链。由于雾气弥漫，登陆人员的视线受阻。尽管如此，库克认为这里可能不仅仅是岛屿，于是将其命名为桑威奇地，以纪念英国第一位海军大臣桑威奇勋爵。这片荒凉之地仅有冰雪和峭壁，几乎没有港湾，库克将其描述为"世界上最可怕的海岸"。他在后来的著作中提到，这些地方"天生注定永远寒冷，从未感受过太阳光线的温暖，我几乎无法用语言描绘此地的可怕和蛮荒……"

库克在这片海域航行了几天，期间又发现了几座岛屿，但雾气和海冰迫使他远离海岸航行。2月6日，他结束了此次探险，向北返航，7周后抵达南非开普敦。

1775年年底，库克回到英国，公布了考察报告。他告诉世人，这些高纬度地区都是冰雪覆盖的苦寒之地，没有任何价值，也不值得进一步探索。他在报告中指出，之前地理学家们幻想的"南方大陆"并不存在，因为厚厚的冰层一直延伸到南极点，而南极点是无法到达的。由于库克的权威性报告，许多人对寻找南极大陆这件事失去了信心。

从15世纪到18世纪，欧洲人一直在寻找传说中的"未知的南方大陆"，但始终未能如愿以偿。尽管每一次航行和发现都曾让欧洲人充满期待，但最终"未知的南方大陆"的踪影依然无处可寻。

俄国人声称发现了"南方大陆"

　　尽管库克的权威报告让许多人非常失望，但沙皇俄国仍然渴望找到这片神秘的大陆，以成为地球南北两极的掌控者。尤其是对领土有着强烈偏执的沙皇亚历山大一世，下令沿着库克的第二次航行路线，驶向南大洋的高纬度海域进行探险。

　　亚历山大一世对南下探险队提出了极高的要求：在胆识和发现方面都要超越库克，要能够为俄国带来比库克为英国带来的荣誉还要大的成就。他指示探险队"除非遇到不可逾越的障碍，否则要尽一切可能接近南极点，寻找未知的大陆"。

　　俄国的南极探险队由"东方"号和"和平"号两艘军舰组成。政府任命环球航海家伊万·费奥多罗维奇·克鲁森施滕担任探险队的领导者。克鲁森施滕曾在1803—1806年组织并参与了俄国首次环球航行。然而，1819年，克鲁森施滕在从西班牙返回俄国的航行中，所乘船只在丹麦的斯卡晏角遭遇海难，他身受重伤，被送往哥本哈根接受治疗。

　　由于克鲁森施滕无法胜任圣彼得堡的任命，他便推荐了法比安·戈·特利布·冯·别林斯高晋来担任这一职务。

2004 年爱沙尼亚发行
《纪念克鲁森施滕环球
航行 200 周年》邮票

别林斯高晋于 1779 年出生于爱沙尼亚的萨列马岛。他 10 岁时进入喀琅施塔得海军学校学习，其航海术和天文学成绩优异。毕业后，他加入波罗的海舰队服役。1803—1806 年，他以海军少尉的身份参加了克鲁森施滕组织的俄国首次环球航行。在这次长达 3 年的航行中，别林斯高晋完成了船队大部分海图的绘制工作。回国后，他被任命为三桅巡洋舰的舰长。1810 年，他被调到黑海舰队，并于 1819 年晋升为海军中校。

别林斯高晋最终被任命为"东方"号的指挥官，并担任俄国南极探险队的领导人。

"和平"号的指挥官则是米哈伊尔·彼得洛维奇·拉扎列夫。拉扎列夫曾在英国海军舰队服役，1803 年被派往英国后，多次前往大西洋，最远到达安德列斯群岛。返回俄国后，他在 23 岁时以海军中尉的身份指挥俄美公司的"苏沃洛夫"号，并于 1813 年 10 月开始了为期 3 年的环球航行。在这次航行中，他先后抵达了好望角、塔斯马尼亚岛、澳大利亚的杰克逊港（今悉尼港）、夏威夷群岛、俄属美洲的新阿尔汉格尔斯克、白令海上的普利比洛夫群岛、合恩角等地。1816 年 7 月，他返回喀琅施塔得时，已经成长为一位技术高超、业务出众的航海家。

1819 年 7 月 16 日，俄国南极探险队从喀琅施塔得出发，11 月抵达巴西里约热内卢进行补给，12 月 28 日到达南乔治亚岛，并对该岛的西南海岸进行了考察。此前，库克已于 1775 年对南乔治亚岛的东北海岸进行了考察，因此俄国探险队此次主要关注其西南海岸。

1820 年 1 月 3 日，俄国探险队发现了 3 座火山岛，并将其命名为马尔基扎·德·特拉维尔塞岛群。这 3 座岛屿分别以"东方"号上的军官命名：A·C·列斯科夫、K·Π·托尔松和 И·И·扎瓦多夫斯基。

俄罗斯发行《纪念发现南极洲200周年》邮票小型张

　　1月8日，俄国探险队抵达了库克曾经发现的桑威奇地。在接下来的几天里，别林斯高晋对该地区进行了详细勘察，并于1月17日确认这是群岛，与其他任何陆地均不相连。因此，他将这一群岛的名称稍作修改，称为南桑威奇群岛，并由船上的艺术家绘制了清晰的草图。

　　俄国探险队首次确定了南桑威奇群岛与大西洋西南部其他岛屿和礁石之间的联系，并首次指出这一地区存在一条海底火山带，位于南纬53°～60°，在大西洋西部海区延伸约2500千米。这一重大地理发现揭示了该地区剧烈的地质活动特征，如今这条海底山脉被称为南大西洋海岭。

　　1月26日，俄国探险队首次越过南极圈，成为历史上第二支越过南极圈的探险队。1月28日，拉扎列夫在日记中写道："我们航行到南纬69°23′，遇到了一座巨大的冰山……这个奇异的庞然大物在我们眼前只短暂出现了一会儿，随后便因天空变得昏暗并下起鹅毛大雪而消失不见。这是我们在西经2°35′附近海域所看到的一切……航行途中，我们遇到了一座又一座冰山，最终未能到达南纬70°，只能停下来。""东方"号和"和平"号试图从东南方向绕过这些难以逾越的冰障，但未能向南推进得更远。2月18日，探险队到达南纬69°06′、东经15°52′；2月26日，仅推进到南纬60°10′、东经49°26′。拉扎列夫在日记中还提到："在天气晴朗的日子里，我们在冰块岛之间穿梭……这种冰块岛在同一海区竟然达到1500座之多。"

　　1820年3月中旬，随着短暂的南极夏季结束，"东方"号和"和平"号分开航行，

2019年俄罗斯发行《纪念发现南极洲200周年》邮票小型张，左侧邮票图为"和平"号，右侧邮票图为"东方"号

前往南纬50°的印度洋东南海域进行考察。4月下旬，两艘船在澳大利亚杰克逊港（今悉尼港）会合休整，随后继续前往南太平洋进行考察，直到1820年9月到达澳大利亚。

比俄国南极探险队出发时间更早的1819年2月19日，英国"威廉姆斯"号的船长威廉·史密斯在合恩角以南450海里（833.4千米）处发现了一片从未见过的陆地。他向智利瓦尔帕莱索的英国海军上校威廉·希拉夫汇报时，希拉夫认为他误把冰山当成了陆地。

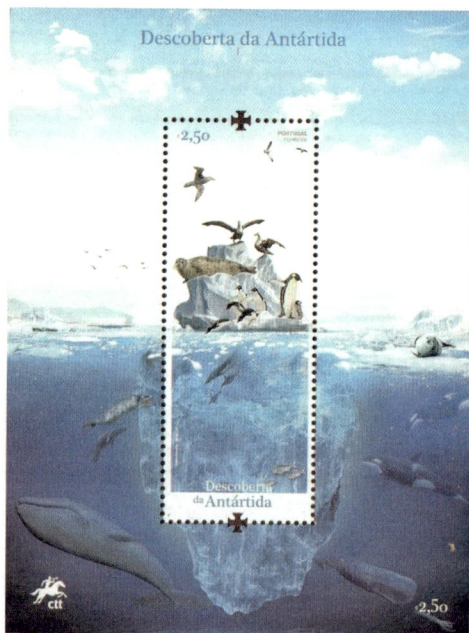

2021年葡萄牙发行《发现南极》邮票小型张

威廉·史密斯不甘心，于是又两次出海寻找这片陆地。他不仅找到了这片陆地，还登上去竖起英国国旗和写有文字说明的木牌，以英国国王的名义宣布对其拥有主权，并将其命名为"新南大不列颠"。11月24日，史密斯再次向希拉夫汇报，希拉夫确认了他的发现。

英国海军随后派遣军官爱德华·布兰斯菲尔德乘坐"威廉姆斯"号，与威廉·史密斯一起前往这片新发现的陆地进行确认。布兰斯菲尔德对"新南大不列颠"的海岸进行勘测后，正式宣布其为英国领土。此后，这片陆地被改称为"新南设得兰"。

围绕着这块英国的新领土，各种添油加醋的传言和猜测迅速从南半球传到遥远的圣彼得堡，引起了沙皇亚历山大一世的关注。

1820年9月，当俄国南极探险队的"东方"号和"和平"号从大溪地返回澳大利亚杰克逊港时，别林斯高晋收到了俄国海军部部长从里约热内卢发来的信。信中通报了史密斯发现"新南设得兰"的情况，并指出该地位于火地岛以南海域，是太平洋和大西洋的交汇处，具有重要的战略意义。俄国不能对这一发现漠视不理。

别林斯高晋认为"新南设得兰"很可能是他们一直在寻找的"未知的南方大陆"的一部分。

1820年11月12日，俄国探险队在休整后离开澳大利亚杰克逊港，继续寻找"未知的南方大陆"。

1821年1月20日，探险队行进到南纬69°22′时遇到了冰障，不得不退回并转而向东航行。几小时后，他们看到了一片海岸线。根据随船军官诺沃西尔斯基的记载："……太阳从乌云中吐出了光辉，阳光照亮了高耸的覆盖着白雪的海岛上的黑色山崖。很快又出现了一片昏暗，风又刮起来了，呈现在我们面前的那个海岛像幻影一样被隐藏得无影无踪了……下午5时许，我们距离这个遥远的新发现的海岛约15英里（约24.14千米），但是厚厚的碎冰从四面包围着这个海岛，使我们无法靠近它……爬到两艘船桅上的水手们三呼万岁，这个海岛终于被发现了。于是，我们以俄国舰队的创始人彼得一世的名字命名了这个新发现的海岛……"这是人类在南极圈以南发现的第一块陆地。别林斯高晋当时不知道，南极大陆就在他以南400千米处。

1月27日，探险队从船上眺望南方，发现了一片地势很高的陆地，似乎是一条山脉的海岸线。别林斯高晋将其命名为亚历山大一世海岸。由于海岸线远端看不到终点，说明这是一条很长的海岸线，该地也因此被命名为亚历山大一世地。直到1940年，人们才最终确定这是一座巨大的岛屿，现称为亚历山大一世岛。

2月11日，探险队发现"东方"号需要大修才能继续在高纬度海区航行，于是别林斯高晋果断决定掉头向北。

1821年8月5日，"东方"号和"和平"号经过751天的航行，终于返回喀琅施塔得，完成了在高纬度南极地区的环球航行。

但是俄国沙皇亚历山大一世对别林斯高晋的探险结果感到失望，他原本期待别林斯高晋能够带回南极大陆的全面勘测资料。为了表达这种不满，沙皇拒绝支付别林斯高晋探险队所绘制地图的印刷费用，理由是印刷成本过高。这些珍贵的考察资料直到1931年才得以正式印刷出版。

别林斯高晋回国后加入了海军委员会。1826年，他晋升为海军少将，并担任海军近卫队指挥官，参加了地中海对土耳其的纳瓦里诺海战。此后，他前往黑海，于1830年晋升为海军中将，重新回到波罗的海成为第二舰队司令。1839年，别林斯高晋

苏联第13次南极考察纪念封，盖别林斯高晋站开站日邮政日戳

苏联南极东方站纪念封，东方站分为东方I站（建于1957年3月）和东方II站（建于1957年12月16日）

2020 年行驶到欺骗岛的"别林斯高晋海军上将"号游艇，以纪念发现南极洲 200 周年

晋升为海军上将，担任喀琅施塔得督军，同时兼任该港总司令。1852 年 1 月，他在喀琅施塔得去世。

为了纪念别林斯高晋的杰出贡献，南极附近的一片海域被命名为"别林斯高晋海"。此外，还有以他的名字命名的地理实体，包括别林斯高晋山（位于南纬 75° 07′、东经 162°）、别林斯高晋岛（位于南纬 59° 25′、西经 27° 03′）和别林斯高晋角（位于南纬 54° 03′、西经 37° 14′）。在苏联和俄罗斯的南极常年性科考站中，命名了别林斯高晋站，东方站和和平站也分别以他当年率领的"东方"号和"和平"号命名，以此向他的探险精神致敬。

在南极洲，以俄国探险队副队长、"和平"号船长米哈伊尔·彼得洛维奇·拉扎列夫命名的地理实体包括拉扎列夫湾（位于南纬 69° 20′、西经 72°）、拉扎列夫冰架（位于南纬 69° 37′、东经 14° 45′）和拉扎列夫山（位于南纬 69° 32′、东经 157° 20′）。此外，在苏联和俄罗斯的南极常年性科考站中，先后以他的名字命名拉扎列夫考察站和新拉扎列夫考察站，以此纪念他对南极探险的贡献。

南极是动物的修罗场

南极半岛因其独特的地理位置和丰富的海洋生物资源，成为早期海洋哺乳动物捕猎者最先涉足的地方。

在许多人眼中，南极洲由于没有原住民，长期以来一直保持着原始状态，海滩上满是可爱的企鹅和海豹，海中有各种鲸类不时跃出水面，空中则有无数飞鸟，仿佛仙境般纯净的世界。然而，这种看似原始的纯净状态并未持续太久，随着早期海洋哺乳动物捕猎者的到来，南极洲的生态平衡很快被打破，逐渐发生了改变。

根据记录，海豹捕猎者的首次南航始于 1784 年。当时，一艘名为"美国"号的船从美国波士顿出发前往马尔维纳斯群岛（福克兰群岛）捕猎。船长最初的目标是获取象海豹的油脂，但当他抵达群岛后，却发现那里有大量的海狗，于是决定转而捕猎它们。1786 年，他带着 13000 张海狗皮返回波士顿，但雇主们对此感到失望，最终以每张 50 美分的价格将这批货物处理掉。随后，这些海狗皮被运往印度加尔各答，并在 1789 年被二手贩子销往中国广州，每张皮在广州的售价高达 5 美元。这一消息很快被停靠在广州的美国船只带回国内，南半球的海狗捕猎业由此开始，马尔

捕鲸叉

维纳斯群岛（福克兰群岛）以及后来更南边海滩上的海狗种群逐渐走向灭绝的边缘。

1820—1821 年的捕猎季在南设得兰群岛的成功刺激了船东和船长们，随后引发了更为疯狂的南极海狗捕猎潮。1821—1822 年夏季，大约 100 艘船抵达南设得兰群岛，捕杀了 30 万只成年南极海狗，至少还有 10 万只幼崽与它们的母亲一同被捕杀。然而，这些捕猎者们很快发现，南极海狗种群已经严重衰竭。

到了 1822—1823 年威德尔和莫雷尔航海期间，南极海狗捕猎业已经陷入严重衰落。在前两个夏天，人类大规模入侵南设得兰群岛，数千人驾驶多达 150 艘船前往捕猎，逐岛灭绝南极海狗种群。到 19 世纪 20 年代末，南设得兰群岛的南极海狗种群已被彻底破坏。当英国皇家海军"雄鸡"号抵达这里时，船员们竟然未能发现一只南极海狗。

南设得兰群岛在 19 世纪 50 年代初曾短暂迎来过一次南极海狗捕猎潮，但随后的近 20 年里又恢复了平静。1870 年，南极海狗种群又恢复到足以让少数猎人获利的程度。尽管这一时期的捕猎规模远不及 19 世纪 20 年代，但仍有一些猎人在 1871—1872 年和 1880—1881 年的夏季前往南设得兰群岛捕猎，导致南极海狗种群再次遭到破坏，最终猎人们纷纷离开。

1894 年 7 月，挪威人卡尔·安东·拉森带着超过 1.3 万张海豹皮和 1100 吨海

豹油踏上了回国的旅程。这预示着捕猎海豹将成为南极地区新的热点活动。然而更糟糕的是，拉森还将19世纪60年代发明的鱼叉枪带到了南极，并在南乔治亚岛叉到了一头露脊鲸。尽管这头露脊鲸在被弄上船之前设法逃脱了，但这次经历让挪威人看到了未来在南极捕鲸的可能性。

1904年2月29日，历史上第一家南极捕鲸公司——阿根廷佩斯卡公司在布宜诺斯艾利斯正式注册成立。该公司的注册资本来自阿根廷，而人员和设备则来自挪威。卡尔·安东·拉森作为公司享有分红权的经理，参与了公司的运营。

1904年11月16日，拉森抵达南乔治亚岛的坎帕兰湾，并将这里设为捕鲸的大本营。在第一年运营期间，拉森的公司就在这片海湾展开了大规模捕鲸活动，导致海湾内尸横遍野、血流成海。截至当年年底，该公司共捕杀了183头鲸。

随着捕鲸者的到来，南乔治亚岛的捕猎海豹的活动也死灰复燃。捕鲸者主要从鲸脂中提炼油脂，而海豹同样可以提供类似的油脂资源。因此，与18世纪和19世纪的前辈们一样，南乔治亚岛的捕鲸者也开始大规模捕猎海豹。

南乔治亚岛的捕鲸和捕海豹活动一直持续到1965年。

1905年年中，拉森返回挪威购置更多的设备。在此期间，他向他人分享了自己在南极捕鲸冒险中取得的初步成功。当初派遣拉森前往南极探险的船东克里斯滕·克

Leith 港 ——1965 年关闭的
南乔治亚岛捕鲸站明信片

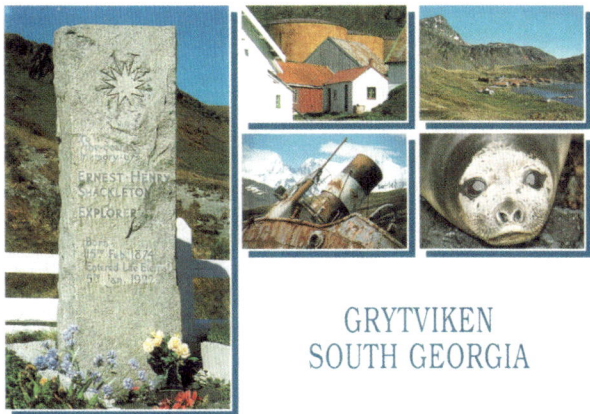

GRYTVIKEN
SOUTH GEORGIA

南极捕鲸业的发源地古利德维肯明信片，这是一座靠屠戮海洋哺乳动物发展起来的城镇

里斯滕森决定再次前往南极捕鲸。然而，他并未选择在岸上建造捕鲸站，而是采用了一种新装备：一艘大型母船，这艘船可以作为漂浮的捕鲸工厂使用。虽然这些海上工厂通常会停靠在安全的港口，但它们的捕鲸船却遍布整个南极海域。

不久之后，捕鲸者们在南极地区留下了明显的痕迹：生锈的锚链、系船柱、沉船残骸，以及鲸的骨骼等。这些废弃物至今仍然散落在该地区的许多海岸上。

南极捕鲸业在这一时期迅速扩张。1904—1905 年，拉森在古利德维肯捕鲸站加工的鲸的数量为 183 头；而到了 1906—1907 年，这一数字急剧增长至 1000 头以上。这是首次有多艘捕鲸船在南设得兰群岛同时作业。4 个夏季后，南乔治亚岛的捕鲸站和南极半岛的 14 座海上工厂捕获的鲸的数量已超过 1 万头，其中多数海上工厂的作业区域集中在南设得兰群岛和南极半岛沿岸。

1908 年 12 月，法国科考队抵达欺骗岛福斯特港的捕鲸大本营时，惊讶地发现这里停泊着 3 艘海上工厂船，且有 200 多人长期居住。科考队领队夏尔科在日记中写道："这太不可思议了……就像挪威一些繁忙的港口一样。"

在 1923—1924 年的夏季，南乔治亚岛捕鲸业的开创者卡尔·安东·拉森迈出了重要的一步，将捕鲸业扩展到马尔维纳斯群岛（福克兰群岛）属地以外。拉森在前往罗斯海的尝试性捕鲸之旅中发现，那里的鲸的种群极为丰富，但缺乏安全的港口，

各种捕鲸叉和分割鲸尸的锯

使得工厂船难以处理捕获的鲸。这一问题后来因挪威的鲸狙击手彼得·索尔勒的技术性突破而得到解决，他的创新彻底改变了整个捕鲸业的面貌。

索尔勒的灵感源自1912—1913年航海季的经历。当时，他在南奥克尼群岛作业，两艘工厂船于11月中旬抵达该地，却发现密集的浮冰阻挡了前往安全港口的道路。在等待浮冰消散的过程中，捕鲸船沿着冰缘线作业。索尔勒注意到工厂船在海上处理鲸的尸体很困难，几周后，他想出了一个解决方案：在工厂船的末端安装一个滑坡装置，即滑道，利用机动绞车将鲸的尸体直接拉上船进行处理。

索尔勒花了10年时间完善这一方案。1923年，挪威政府授予他这项设备的专利。1925年，工程师们在挪威工厂船"蓝星"号上安装了第一条捕鲸滑道。1925年12月，"蓝星"号的船员成功地将一头大型南极蓝鲸拉上船，索尔勒的发明宣告成功。远洋捕鲸业的完整链条（在海上捕获并处理鲸，无须停靠岸上站点或安全港口）逐渐形成。这一技术进步使得捕鲸者能够在南大洋的任何地方自由捕猎，南

极地区的鲸的捕获量也随之呈爆炸式增长。

在"蓝星"号安装滑道后的1925—1926年夏季，南极捕鲸者捕获的鲸的数量刚刚超过1.4万头，且大多来自南极半岛附近的海域。5年后，鲸的捕获量增长了近3倍，超过4万头。远洋捕鲸船队，主要在罗斯海和东南极洲沿岸作业，贡献了总捕获量的四分之三以上。

然而，这一发明也带来了可怕的后果。由于远洋捕鲸业的灵活性大增，欺骗岛海岸的捕鲸站于1930—1931年航海季结束后关闭，南乔治亚岛的捕鲸站也在同一时期停止运营。尽管如此，整个南极洲的捕鲸量仍呈爆炸式增长。国际联盟于1930年起草了一份国际公约，试图控制捕鲸业，所有参与南极捕鲸的国家于1931年签署了该公约。然而，这份公约收效甚微。直到1929—1933年世界经济大危机，捕鲸业才受到重创。事实上，大部分捕鲸活动在1931—1932年夏季停工。尽管南极捕鲸活动在次年夏天有所恢复，但完全复苏尚需时日。在其恢复之后，捕鲸者们打破了此前的捕捞纪录。1937—1938年，南极捕鲸者的捕获量超过4.6万头，占全球总捕获量的83%。

随着第二次世界大战的爆发，南极捕鲸业在1941—1942年大幅萎缩，仅有古利德维肯和利思港附近还有一些捕鲸作业。少数捕鲸者一直坚持到战争结束，但远洋捕鲸业已彻底消失，因为参战方几乎将所有海上工厂船改装为用于战争的油轮，捕鲸船也被改造为扫雷艇和驱逐艇。

20世纪60年代，随着国际地球物理年之后越来越多的科考站在南极建立，捕鲸者纷纷离场。南极捕鲸业的肇始地古利德维肯在1964—1965年夏季停止运营，最后一个岸上捕鲸站利思站也在次年关闭。几年后，几乎所有的南极商业捕鲸活动都停止了，因为鲸的资源已几近枯竭。

2002年，南乔治亚岛和南桑威奇群岛发行了《"吉尼斯世界纪录"——南乔治亚岛和南桑威奇群岛的哺乳动物》邮票小版张，其中对鲸类的惊人记录包括：最重的哺乳动物是1947年3月20日在南大洋捕获的一头雌性蓝鲸，重190吨，身长27.6米；最长的哺乳动物是1909年在南乔治亚岛的古利德维肯搁浅的一头雌性蓝鲸，身长33.58米；潜水最深的哺乳动物是1991年在多米尼加海岸外的一头

2002年，南乔治亚岛和南桑威奇群岛发行《"吉尼斯世界纪录"——南乔治亚岛和南桑威奇群岛的哺乳动物》邮票小版张

2010年新西兰南极罗斯领地发行《南大洋的鲸类》限量无齿邮票小全张

2010年新西兰南极罗斯领地发行《南大洋的鲸类》分色印刷样票，这4枚票的颜色渐变过程就像从人类视线中逐渐消失的鲸群一样

雄性抹香鲸，用时 1 小时 13 分钟下潜了 2000 米；发出声音最大的生物是蓝鲸和长须鲸，声音超过 188 分贝。

在南乔治亚岛的岸上捕鲸站关闭之际，一群新的捕捞者来到南极。1961—1962 年夏季，一艘苏联船只捕捞了 4 吨磷虾，这是一种小型甲壳类动物，也是许多鲸、海豹和企鹅的重要食物来源。这次尝试性的捕捞收获令人振奋，激励该船在次年夏季返回南极进行商业捕捞，随后许多其他国家也纷纷加入。例如，中国台湾水产实验所的"海功"号渔业研究船在 1976—1984 年 4 次前往南极大陆海域，开展磷虾捕捞和渔业科学研究。早期的磷虾捕捞主要集中在南极半岛周边海域，但很快就扩展到整个南极大陆沿海地区。与此同时，捕捞有鳍鱼类的活动也在南乔治亚岛附近展开，并迅速发展成为一个利润丰厚的产业。

鲸、海豹、磷虾和鱼类，这些南极的宝贵资源，曾因人类的过度捕捞而面临灭绝的威胁。19 世纪的海豹猎人和 20 世纪的捕鲸者毫无节制的捕杀行为，已经充分证明了这一点。为了保护南极的生态系统，《南极条约》的协商国在 1964 年和 1972 年分别增加了《保护南极动植物议定措施》和《南极海豹保护公约》两个保护性附件。1977 年，随着南极地区商业捕鱼活动的迅速扩张，《南极条约》的协商国决定采取措施控制捕渔业的规模。经过 3 年的讨论，各方于 1980 年通过了《南极海洋生物资源养护公约》，该公约的范围远远超出了渔业管理，涵盖了南极所有海洋生物资源，包括鱼类、软体动物、甲壳类动物以及其他所有生物有机体，甚至鸟类。公约的适用范围为南纬 60° 以南地区，以及南极辐合带与南纬 60° 之间的生态分界线区域。这一公约具有开创性意义，首次将整个南极生态系统视为一个整体加以保护。

如今，虽然大规模的动物屠杀行为已不像前两个世纪那样明目张胆和数量庞大，但人类活动对南极环境的影响依然存在。人类频繁进入南极地区，带来了垃圾污染、石油泄漏、外来病毒入侵等问题，同时还带来了核污染和微塑料的扩散。此外，对实验用动物的过度捕杀现象依然存在。这些问题相互交织，对南极动物的生存构成了致命威胁。

在南极大陆，包括南极半岛，有许多历史遗迹。海岸边堆积的累累白骨提醒着过往的人类，这片看似纯净的冰雪世界，曾经是动物的修罗场。

08

乌斯怀亚海边

火地岛今昔

　　乌斯怀亚是阿根廷火地岛省的首府，它的名字源自当地的原住民的雅马纳语，意为"向西缩进的内湾"。几百年来，这个港湾逐渐发展成了一座小城。提到乌斯怀亚，就不得不提到火地岛以及发现它的航海家麦哲伦。麦哲伦在沿着南美洲海岸航行时，在南纬52°驶入了一条水道。船队在这条水道中航行了许多天，只见两岸悬崖峭立，树木丛生。山顶覆盖着耀眼的白雪，山麓是茂密的森林。水道迂回曲折，时宽时窄，深达千米。起初，岸上不见村落和人烟。然而在一个月光皎洁的夜晚，船员们在南岸隐约看到多处升起的轻烟。由于无火不成烟，麦哲伦推测这是原住民点燃的篝火，于是他将这里命名为"火地"，也就是南美洲最南端的"火地岛"。

　　乌斯怀亚是世界最南端的城市。城市不大，市内步行即可游览。距离码头不远的"天涯海角"博物馆，原本是一座银行。博物馆内展示了火地岛上原住民部落的历史以及动植物标本。

1578年，当时与西班牙作战的英国海军弗朗西斯·德雷克在麦哲伦海峡航行时，对火地岛原住民的生活情境进行了详细的记录。他写道："这些未开化的野蛮人衣着既精巧又别致。他们的小船是用兽皮做的。他们将一张张海豹皮缝合在一起，既没有剪裁，也没有涂焦油，但缝制得非常坚固且精细，这种兽皮船永远不会漏水。他们还用兽皮做成碗、盘和水桶。他们的刀子是用大贝壳制成的：挖出壳内的肉，在石头上把贝壳磨到锋利为止。"这是关于火地岛原住民生活情境的最早记录之一。

1832年12月17日，博物学家查尔斯·罗伯特·达尔文随英国军舰"贝格尔"号环球航行抵达火地岛，并见到了当地的原住民。在这次航行中，"贝格尔"号还搭载了3位特殊的乘客，他们是3年前"贝格尔"号舰长费茨罗伊在巴塔哥尼亚地

乌斯怀亚的"天涯海角"博物馆

博物馆院子中复原的原住民棚屋

区抓获的 4 位原住民中的 3 位幸存者。费茨罗伊舰长和他的水手们将这些被他们视为"野蛮人"的原住民带到欧洲，让他们接受为期一年甚至更长时间的"教化"，希望他们能带着铁器、工具、衣物和知识返回故乡，在同胞中传播"文明"。不幸的是，其中一位原住民在抵达英国后不久因患天花去世。剩下的 3 位原住民在欧洲学习了英语和"礼仪"，在返回故乡前还被当时的英国国王和王后邀请去喝茶。然而，当他们回到各自部落后，很快忘记了在英国学到的"文明"，快乐地回归了自己原本的生活轨迹。

1897 年 12 月 21 日，比利时南极探险船"比利时"号抵达乌斯怀亚。当时乌斯怀亚规模还很小，仅有 20

火地岛上的印第安猎手明信片

达尔文明信片

多座建筑和一座木质小教堂，整个城镇的规模充其量只是一个村庄。

　　比利时探险队的指挥官是德·热尔拉什，曾是海军军官，受到 19 世纪南极探险热潮的影响，计划从西南极的南极半岛尖端开始测绘海岸线，一直航行到东南极的维多利亚地。他的目标是创下到达南纬 79° 09′ 的人类航行最南纪录，并希望发现南磁极，以此创造历史。

　　"比利时"号是德·热尔拉什在 1896 年夏天通过比利时驻挪威桑纳菲尤尔总领事约翰·布吕德以 7 万比利时法郎购得的。这艘原本名为"帕特里亚"号的捕鲸船经过改造后被重新命名为"比利时"号。为了抵御海冰的冲击和增强内部保暖，船上使用了一种名为"绿心木"的热带木材进行加固，并覆盖了厚厚的毛毯和木板。

"比利时"号明信片

考虑到船可能会被冰层困住，船上更换了老式发动机，安装了可缩回的钢制螺旋桨。鉴于此次南极考察的科学性，德·热尔拉什还在甲板上搭建了两间实验室，并配备了从欧洲各地采购的先进科学仪器。经过一系列改造，"比利时"号完全摆脱了捕鲸船的旧貌，宛如一艘休闲游艇。

探险队成员中，23岁的波兰人亨利克·阿尔茨托夫斯基是化学家和地质学家。另一位波兰人安东尼·多布罗沃尔斯基是一名因反对沙俄统治而流亡比利时的大学生。27岁的罗马尼亚人埃米尔·拉科维茨在巴黎索邦大学从事浮游生物尤其是海洋环节动物的研究。挪威人阿蒙森担任船上的大副。32岁的美国人弗雷德里克·艾伯特·库克是船医，他是一位传奇人物，曾参加皮尔里的北极探险队，在格陵兰与因纽特人共同生活，学习他们的语言和极地生存技能。他的医术精湛，曾在1891年为皮尔里腿部受伤时进行手术和固定，使其未落下残疾。库克还擅长摄影、写作和心理学。

除上述人员外，还有一些人在"比利时"号南极探险中留下了名字。"比利时"号在乌斯怀亚周边停留至12月31日，在此之前，科学家们进行了野外考察，库克医生研究了当地的3个原住民部落，"比利时"号则去装运煤炭。然而在1898年元旦，"比利时"号不幸在哈伯顿搁浅了。

在哈伯顿大牧场主托马斯·布里奇特的儿子和牧场工人的帮助下，经过22小时的抢救，"比利时"号终于重返大海。

托马斯·布里奇特在火地岛居住了30年，其间整理了一部收录3万个词条的雅甘语（Yahgan，当地人自称为Yámana）- 英语词典，这是火地岛人的珍贵文献。库克曾想将这份孤本带回纽约出版，但由于"比利时"号刚刚经历的搁浅事故，布里奇特认为还是等他们凯旋后再做打算。

由于在拯救搁浅的"比利时"号时放掉了船上所有的淡水，探险队不得不前往埃斯达多斯岛补充淡水，那里是人类最南端的居住地。

1898年1月14日，"比利时"号驶入了德雷克海峡，这里被称为船只的坟墓，因为这里有着无尽的风暴。在经历了7天的狂风巨浪后，"比利时"号终于抵达了被冰雪覆盖的南极地区。

ISLA DE LOS ESTADOS
— FARO ISLA OBSERVATORIO —

ISLA DE LOS ESTADOS
— FARO DEL FIN DEL MUNDO —

火地岛附近的
埃斯达多斯岛
风光明信片

在南极航行的
"比利时"号
明信片

德·热尔拉什安排阿尔茨托夫斯基进行了一系列深度测量,这些数据成为合恩角以南最早的记录。同时,阿尔茨托夫斯基提出了一个假设,认为南设得兰群岛、南极半岛与南美洲的安第斯山脉在地质构造上可能是连为一体的。

1月22日,一场突如其来的狂风裹挟着海浪,导致"比利时"号甲板上的积水越来越深。挪威水手卡尔·奥古斯塔·温克在船外清理排水口时不慎落入刺骨的冰水中。船长勒库安特跳入水中试图救援,但未能成功。温克成为第一个在南极死亡的队员。温克的不幸离世给全船蒙上了沉重的阴影。

1月23日下午5时,"比利时"号驶入格雷厄姆地西北海岸的休斯湾,这是他们第一次看到南极大陆。这本应是自离开比利时以来最令人激动的时刻,但温克之死的阴霾却笼罩着全船。

2月1日下午,拉科维茨登上屈韦维尔岛。他在岛上一处悬崖上发现了一丛世界最南的显花植物——南极发草。为了采集这种植物,他冒着坠落和贼鸥攻击的危险,从贼鸥的巢穴中扯下了这丛珍贵的植物标本。除了植物,拉科维茨还在显微镜下发现了南极的另一个奇妙世界——有着8只脚的水熊虫。这种生物似乎具有极强的生命力,甚至能够在极端环境下存活。后来的研究还发现水熊虫甚至能够在太空中存活。

在2月上旬,只要天气允许,科学家们就会登陆进行考察。他们收集动植物和岩石矿物标本,绘制地图,并用比利时的地名(如布拉班特和安特卫普等)为岛屿命名(如布拉班特岛和昂韦尔岛)。整个天堂湾和雷纳尔角都留下了"比利时"号的航迹。

德·热尔拉什的使命始终是向南,向南,再向南。然而,此时"比利时"号的位置距离东南极的维多利亚地还非常遥远,甚至连南极圈都尚未越过。或许是压力太大,或许是太渴望在南极探险中取得成功,德·热尔拉什在2月21日的航海日志中,居然记录了他在浮冰群的南部边缘看到了一座海边城市,甚至还有一座灯塔。这显然是海市蜃楼。

南极的冬季已经临近,但德·热尔拉什并没有下令返回乌斯怀亚,而是继续向南,向着南极的心脏地带航行。2月28日,"比利时"号驶过了南纬70°。此次,德·热尔拉什与船长勒库安特商议后,决定不再征求其他船员的意见,继续向南航行。又经过24小时的航行,他们已经到达了南纬71°31′。

被冻在冰中的"比利时"号明信片

3月5日，"比利时"号被牢牢冻住了。

刚开始的几天，德·热尔拉什和船长勒库安特向船员们编造谎言，声称"比利时"号正随着浮冰向北漂移，已经回到南纬71°18′，但实际上船只被困在南纬71°26′，并以每天3海里（约5.56千米）的速度向西南方向漂移。最终，他们不得不向大副阿蒙森坦白真相。

起初，船上的情况还不是很糟糕，所有人都精神饱满，科学家们继续进行各种观测和收集动物标本，船员们的工作也保持着一定的规律性。但是随着极夜的完全降临，终日见不到阳光，船员们的精神状态开始恶化。一些人变得烦躁易怒、疑神疑鬼，甚至拒绝与他人交流。探险队的领导者德·热尔拉什也逐渐孤立自己。

尽管15—17世纪曾肆虐船员的坏血病在当时已较为罕见，但比利时探险队并未计划在南极越冬，他们所订购的罐头食物不仅早已让人吃腻，而且营养也逐渐耗尽。船医库克发现坏血病的症状开始蔓延。

6月5日，德·热尔拉什的挚友单科因心脏病去世。库克安慰大家说，即使在国内，单科也只能活大约一年。

库克医生凭借他在格陵兰与因纽特人生活的经验，建议所有人食用新鲜的海豹肉和企鹅肉。起初，船员们是拒绝的，一是这不符合西方人的饮食传统，二是厨师的手艺不佳，烹饪的肉食难以入口。然而，为了生存，他们不得不勉强咽下这些食物。一段时间后，病情开始好转。

11月16日，太阳重新升起，长达两个月的极昼开始了，一些船员的精神状态逐渐恢复。然而，冰层依然没有融化，"比利时"号仍然被困其中。

船员们先尝试用锯子锯开船周围的冰层，但失败了。他们又尝试用炸药炸冰，但冰层依然纹丝不动。直到1899年1月21日，极昼结束，船员们的情绪再次变得焦虑，担心再次在南极越冬。

2月12日凌晨3时，在洋流和大风的作用下，束缚"比利时"号冰层终于裂开，形成了水道。但是船体仍然被冰包裹着，于是船员们再次冒险炸冰，这次终于脱困，可以扬帆起航了。经过一个月的艰难挣扎，"比利时"号终于在3月14日下午2时驶出浮冰区，进入自由水域。在信天翁和巨鹱的陪伴下，"比利时"号再次穿越德雷克海峡，于1899年3月28日返回智利南部港口蓬塔阿雷纳斯。

至此，寻找南磁极的使命已经无法完成，德·热尔拉什只能通过为南极的地理特征命名来向家乡父老和世人交代。他以挪威水手卡尔·奥古斯塔·温克的名字命名了一座岛屿；以挚友单科的名字命名了南极大陆的一片海岸和一处半岛；以波兰科学家亨利克·阿尔茨托夫斯基的名字命名了另一座半岛；以荷兰女王威廉明娜的名字命名了一处海湾，以感谢她派船护送"比利时"号通过荷兰海域。此外，还有布拉班特岛、昂韦尔岛、天堂湾、雷纳尔角等地名，以及以比利时非洲探险家查尔斯·雷迈尔命名的雷迈尔水道和雷迈尔岛。这些命名让热尔拉什海峡看起来像一幅比利时乡村的地图。

此外，大副阿蒙森以挪威已故探险家埃文·阿斯楚普的名字命名了一座小岛，而船医库克则以纽约首位市长罗伯特·范·怀科、其居住地布鲁克林的名字命名了两座小岛，但这些名字似乎并未得到广泛认可。

罗马尼亚发行的有关埃米尔·拉科维茨以及比利时南极探险邮票

1899 年 4 月，德·热尔拉什在智利蓬塔阿雷纳斯宣布探险活动结束，船员们各奔东西。大副阿蒙森在此次探险中收获颇丰，日后还成为世界著名的极地探险家。船医库克的未婚妻在前一年复活节去世，他已经了无牵挂，于是前往哈伯顿的布里奇斯大牧场，继续对火地岛原住民雅马纳人进行人类学研究。

生活在火地岛的雅马纳部落在 1908 年仅剩 170 人，到 1947 年只剩下 43 人，2014 年最后一位会讲雅马纳语的人去世，雅马纳人的文化从此消失了。在不到两个世纪的时间里，西方殖民者的涌入导致当地原住民因饥荒和疾病大量死亡，如今在火地岛上已难以见到真正的原住民了。

库克这位传奇人物经历了人生的高峰与低谷。他出版了南极传记，宣称比皮尔里更早到达北极点，成为美国乃至全世界的名人，但也因卷入石油开采骗局而入狱。至今，他仍是一个在美国颇具争议的人物。

埃米尔·拉科维茨在南美洲进行了几个月的考察后回到法国索邦大学，继续从事研究并成为教授。1920 年，他回到罗马尼亚，成为克卢日费迪南一世国王大学（现称克卢日－纳波卡大学）校长，并在大学创立了世界上第一所洞穴学研究所。1947年拉科维茨去世后，该研究所在 1948 年更名为埃米尔·拉科维茨洞穴学研究院。拉科维茨是世界公认的生物洞穴学奠基人。

2022 年罗马尼亚发行《纪念埃米尔·拉科维茨逝世 75 周年》邮票小版张

　　亨利克·阿尔茨托夫斯基在南美洲进行了数月的考察后，移民美国。他拒绝了波兰总理授予他的教育部部长职位。1910—1920 年，他在纽约公共图书馆担任科学职务。此后，他回到波兰，担任利沃夫大学地球物理研究所所长。1939 年，他再次回到美国。

　　由于第二次世界大战的爆发，阿尔茨托夫斯基无法返回波兰，于是加入了美国的史密森学会。1958 年 2 月 21 日，阿尔茨托夫斯基在美国华盛顿去世。1977 年，波兰政府以他的名字命名了他们在南极半岛乔治王岛金钟湾的永久性南极基地——亨利克·阿尔茨托夫斯基站，以此纪念他对科学的贡献。

　　安东尼·多布罗沃尔斯基在协助阿尔茨托夫斯基完成南美洲的考察后，返回比利时，并在比利时科学院出版委员会找到了工作，负责整理和出版南极探险期间收集的科学资料。1906 年，他成为比利时外交部国际极地局的成员。

2021 年波兰发行《纪念亨利克·阿尔茨托夫斯基诞辰 150 周年》邮票小版张首日实寄封

　　1907 年，多布罗沃尔斯基返回波兰，担任教师直至 1914 年。1914—1917 年，他在瑞典获得研究经费，专注于冰晶体学和大气冰的研究。1917 年，他返回华沙。1924 年，他担任国家气象研究所副所长，1927 年升任所长。1929—1949 年，他担任地球物理学家协会主席。他还是创建华沙地震观测站的发起人。在第二个国际极地年（1932—1933 年）期间，他指导了波兰的研究工作，并组织了一次前往北极熊岛的科学考察。

　　第二次世界大战后，多布罗沃尔斯基在华沙大学工作，1948 年成为教授。1952 年，他当选为波兰科学院院士。他于 1954 年 4 月 27 日在华沙去世。他在南极探险期间写的日记于 1962 年以《南极探险日记》为名出版，手稿现收藏于华沙波兰科学院地球博物馆。

　　1959 年 1 月 23 日，波兰在南极建立了第一座考察站，该站位于苏联转让的绿

比利时各个时期发行的纪念德·热尔拉什和"比利时"号南极考察的邮票

洲站（66° 16′ S，100° 45′ E）。该考察站被命名为安东尼·多布罗沃尔斯基站，以纪念他的贡献。

比利时南极考察队在南极进行了为期一年的科学考察，并度过了一个冬天。为了表彰他们的贡献，比利时国王授予探险队队长和科学家们最高荣誉——"利奥波德勋章"。此外，安特卫普皇家地理学会还授予德·热尔拉什和船长勒库安特金质奖章。此后，德·热尔拉什再未返回南极，倒是担任船长，陪同一位冒险家去过几次北极。

德·热尔拉什的儿子加斯顿继承了父亲的探险精神，在国际地球物理年期间，参与了比利时南极考察站的建立工作。他的孙辈们也延续了家族传统，多次参与极地探险活动。

比利时发行《纪念德·热尔拉什和"比利时"号南极考察》邮票小型张

　　2008 年 1 月 24 日，为纪念德·热尔拉什对极地探险的贡献，一尊他的半身塑像在乌斯怀亚码头揭幕，他的孙子等嘉宾出席了仪式。

　　如今，乌斯怀亚已经成为前往南极旅游的主要出发地。在前往南极半岛的旅程中，许多岛屿和海峡都曾是"比利时"号当年的探索之地，如今这些地方已成为南极探险的重要地标。

纪念 1905 年德·热尔拉什在东格陵兰北纬 70°～ 80° 探险百年明信片

位于乌斯怀亚码头的德·热尔拉什的半身塑像

"高斯"号的航迹

德国进军南极考察的领军人物是伟大的科学家乔治·冯·诺伊迈尔（1826—1909年），他著有自传体著作《去南极》。

诺伊迈尔因1857—1864年在澳大利亚墨尔本建立和指导弗拉格斯塔夫天文台的工作而声名鹊起，他在地球物理学、磁力学和自然科学领域取得了显著成就。返回德国后，他出版了自己的研究成果，包括气象学和磁力学观测报告。1871年，他将这些成果提交给在比利时安特卫普召开的国际地理学大会，并提出开展针对未知南极大陆的国际考察研究。然而，尽管他努力争取支持，但组织德国南极考察队的

"高斯"号明信片

尝试未能成功，这主要是因为北极的地理位置相对较近，使得北极探险比南极探险更容易且成本更低。尽管如此，诺伊迈尔并未放弃。

1874年，在柏林的一次演讲中，诺伊迈尔提出了极地区域的地理问题，并主张研究两极地区以解决一些地球物理难题。此时，他已经是德国海军部的水文学家。尽管他的提议再次无功而返，但他的运气即将改变。

与此同时，另一位德国人爱德华·多尔曼（1830—1896年）抢先实施了类似诺伊迈尔的南极计划。多尔曼受德国极地航运协会委托，前往调查南极鲸类和海豹种群的商业潜力。1873—1874年，他驾驶"格陵兰"号搭载考察队前往南极半岛附近的岛屿。多尔曼在南极洲的知识积累上贡献颇丰，他发现了俾斯麦海峡和诺伊迈尔水道等地理区域。他还曾在南设得兰群岛的乔治王岛登陆，并以他的名字命名了帕尔默群岛中布拉班特岛和昂韦尔岛之间的多尔曼湾。阿尔弗雷德·魏格纳极地与海洋研究所也以他的名字命名了乔治王岛上的实验室——"多尔曼实验室"。

与此同时，年轻的德国海军中尉卡尔·维普利克特（1831—1881年）从北极探险归来。他在1872—1874年带领探险队发现了法兰士约瑟夫地群岛，并建议各国同时开展协调研究，共同解决北极地区的重大科学问题。他的倡议演变成了"国际极地年"的构思，并于1879年在罗马召开的国际气象大会上正式提出。这一想法在某些方面与诺伊迈尔1874年的提议相似，但更为详细。

1876年，诺伊迈尔成为德国海军天文台主任，并成为国际气象大会有影响力的成员。在他的支持下，国际气象大会启动了第一个国际极地年（1882—1883年）的筹备工作，并同意在南极洲建立考察站。鉴于他的地位和对南极的兴趣，诺伊迈尔在国际极地委员会（又称国际极地大会）的首次会议上被推选为主席。该委员会策划了国际极地年，并确保德国在南半球建立的两个主要考察站中控制一个，具体位于南乔治亚岛的站点。

诺伊迈尔的影响力一直持续到1895年在伦敦召开的国际地理学大会。此次大会将南极确定为地理考察的新目标，并催生了许多欧洲探险活动。为了便于德国参与这些活动，诺伊迈尔牵头成立了德国南极探险委员会，并担任主席。委员会派遣埃里希·冯·德里加尔斯基（1865—1949年）率领第一支德国国家南极考察队，搭乘

"高斯"号前往东经 90° 附近的南极海岸。

埃里希·冯·德里加尔斯基于 1865 年 2 月 9 日出生于德国东普鲁士的柯尼斯堡（现为俄罗斯加里宁格勒）。他是克奈福菲市立中学校长的第三个儿子。17 岁时，他进入柯尼斯堡大学学习物理、数学和地理，之后前往波恩和莱比锡深造。

1884 年夏季，德里加尔斯基用两个月时间穿越阿尔卑斯山，积累了首次冰川考察经验。1886—1887 年冬季，他前往柏林，进入由费迪南德·冯·李希霍芬勋爵刚刚成立的海洋研究所和博物馆工作，并以一篇关于冰河时期冰川重量对地球形状变化影响的论文获得博士学位。

19 世纪末，德里加尔斯基对南极的兴趣日益浓厚，他希望通过数学方法来描述冰川运动的物理条件。为了深入研究自然环境中的研究冰川运动，他在 1891 年夏天获得柏林地质学会的资助，前往格陵兰西部进行考察。1892—1893 年，他与来自柯尼斯堡大学的生物学家恩斯特·范霍芬和气象学家赫尔曼·斯塔德一起开展考察。一个格陵兰人家庭与他们一同在越冬营地生活，当地人帮助他们学习了在北极地区必备的技能，如驾驭狗拉雪橇和划独木舟。

1898 年，德里加尔斯基在柏林获得地理学和地球物理学的讲师资格，并被任命为即将成立的南极探险队队长。同年，他被授权组织和领导由李希霍芬在柏林成立的海洋研究所和博物馆的物理和地球物理系。

在德里加尔斯基的南极计划中，德国探险队不仅要进行一次目标为南极点的雪橇探险，还要寻找南磁极。1898 年 2 月 22 日的初步计划包括海洋学测量、浮游生物捕捉、船上和陆地上的磁力和气象测量、地质样本采集、动物学和植物学收集、天文和大地测量、陆地和海上的地理探索，以及浮冰和陆地冰的研究。通过磁力和气象测量，他希望记录地球磁场的日常变化及其干扰，以及高南纬度的气候。为了达成目标，除海军的支持外，他还需要说服其他机构提供财政支持，同时支持由罗伯特·科赫创立的细菌学。探险队医生汉斯·葛则特在探险期间也提倡进行细菌学研究。

德里加尔斯基选择了一种至今仍具有效性的形式：由柏林、慕尼黑和维也纳的科学院以及莱比锡和哥廷根的科学协会共同参与船舶测量。他计划在夏季到达极地站测量，并在南极过冬期间继续进行科学考察。德里加尔斯基特别推荐在地球物理

1982 年中国发行《罗伯特·科赫发现结核杆菌一百周年》邮票

领域开展合作，包括在北极和南极进行合作，以及在更远的地点进行合作，进行相应的观测，以期获得有希望的发现。在春季和夏季，德里加尔斯基的团队还将进行站周围的科学考察。

7 月 20 日，德国南极研究委员会直接向德皇提交了一份报告，强调了此次考察的科学意义，并请求国家支持考察费用。

亚瑟·冯·波萨多夫斯基－韦纳伯爵，出生于西里西亚贵族家庭，曾于 1893—1897 年担任德国内政部部长和财政部长。他在一份意见书中表示，60 年来德国在南极研究中停滞不前，目前没有比推进地球两极考察更重要的科学任务。

他将建造考察船的费用从 87.4 万马克提高到 100 万马克，分 4 年拨付，并建议在 1899 年的国家预算中为船只建造拨款 40 万马克，在 1900 年拨款 27.4 万马克。这艘船将属于国家，并且除探险目的外，还应对海军有价值。

1899 年 4 月，德皇威廉二世正式批准将南极探险的费用纳入国家预算。此外，还在其他层面上尝试为探险筹集资金。柏林地理学会和德国殖民协会（柏林—夏洛滕堡分会）联合举办了一场晚间活动，约有 1300 名听众参加，包括帝国议会议长、外交部代表、外国使节、高级军官和政府官员。活动中进行了关于南极探险目标的演讲。

最终，造船总预算达到 121 万马克，分 5 个财政年度支出：1899 年 20 万马克，1900 年 35 万马克，1901 年 51 万马克，1902 年 9.6 万马克，1903 年 5.4 万马克。

造价高昂的原因是这艘船完全由木材建造，其船体设计类似于挪威探险家南森的"前进"号，能够抵抗冰的压力。如果船被冻结，船体将通过特殊造型向上移动，而不是被压碎，因此需要选用特别耐用的木材。此外，这艘船要进行磁力测量，所

德国哥廷根大学高斯和韦伯塑像明信片

以不能使用铁钉，而必须使用铜钉，这在当时的抗冰船上是不可能实现的。

1841 年，美国探险家查尔斯·威尔克斯船长发现的南磁极位置与高斯的计算结果仅有微小偏差，而英国罗斯爵士发现的北磁极位置位于高斯计算的点以南 3 度 30分。高斯的磁学著作《地磁的一般理论》被翻译成英文，成为参加南磁极考察的英国皇家海军军官的主要读物。为了纪念伟大的数学家卡尔·费雷德里希·高斯（1777年 4 月 30 日—1855 年 2 月 23 日）对地球磁极的贡献，这艘船被命名为"高斯"号。

1901 年，"高斯"号在基尔的豪瓦尔特船厂建造，这是一艘三桅帆船。其龙骨长度为 46 米，型宽 11.27 米，船体深度 6.3 米。船上装有 3 台功率为 325 千瓦的联合蒸汽发动机，并配备了风力发电机。当最大载重为 728 吨时，其速度可达 7节。此外，"高斯"号还搭载了 2 个容量为 300 立方米的系留气球，以及 455 个装有氢气的钢瓶，用于为气球充气。

船上共有 32 人，包括 22 名正式船员、5 名海军军官和 5 名科学家（其中就有德里加尔斯基本人）。

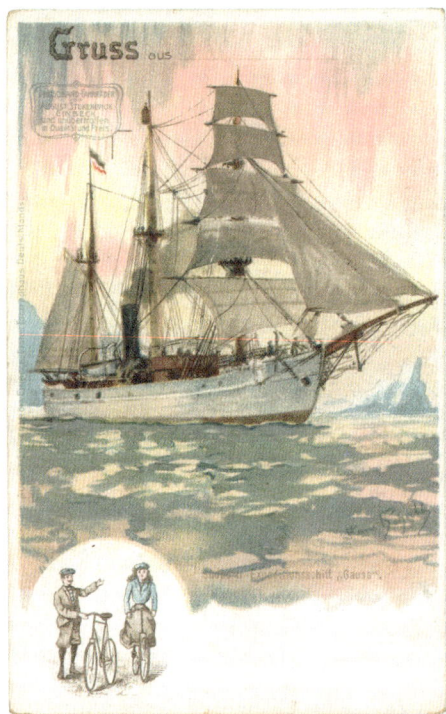

"高斯"号明信片

"高斯"号是第一艘专门为研究目的而建造的科学考察船，因此配备了当时最先进的技术装备。这艘船在甲板上设置了平台、在船周围的铁链上安装了用于测量地球磁场的磁力计，以及在航行中和在额外的甲板上巧妙地分配了大型和小型风帆，使得科学家们能够同时开展多项科学研究工作，而不用担心放下的电缆和测量设备会相互纠缠。此外，"高斯"号还装有 6 台回声探测仪，用于确定水深。

1899 年 9 月 28 日至 10 月 4 日，第七届国际地理学大会在德国柏林举行。在这次大会上，著名的地理学家和探险家费迪南德·冯·李希霍芬提出了关注极地研究的倡议。随后，德里加尔斯基建议以 1882—1883 年国际极地年为模式，建立国际合作，旨在同时开展磁场和气象观测。这一建议最终获得了一致通过。

为了获取高纬度地区的日常天气数据，从 1901 年 10 月 1 日到 1903 年 3 月 31 日，所有参与国在 30° S 以南的陆基站、南极站、商船和军舰等站点，于格林尼治时间每天零时对空气压力、温度、湿度、风向和风力，以及云层情况进行测量和观察，并将这些数据进行汇总。为此，柏林地理学大会提供了统一的日志本，以便各国收集和整理这些数据。

德里加尔斯基在前往南极的航行途中，每4小时进行一次气象观测。他还计划在南极洲建立一个全年运行的气象站，以连续4年记录气象数据。

随着德国与南半球国家贸易的增加，船舶需要更准确的导航信息。然而，大西洋和印度洋的许多区域仍然未知。为了填补这些空白，德里加尔斯基开展了地磁绝对值和变异数据的收集工作，并计划在南印度洋的凯尔盖朗群岛、阿根廷的斯坦顿岛、马尔维纳斯群岛（福克兰群岛）以及新西兰建立分站。他还建议德国科学院在德属萨摩亚设立一个地球物理观测站。

出发前，德里加尔斯基还向内政部提出，如果在1904年6月1日之前没有收到德国探险队的消息，就派出一支救援探险队。经过6年的准备，第一次德国南极探险即将出发。

根据德皇威廉二世在1901年7月18日签署的法令，探险队必须在8月离开基尔，前往凯尔盖朗群岛，然后继续向南。如果可能，探险队应在南极大陆上建立一个科学站，并在一年内尽可能维持其运行。

1901年8月5日，维多利亚女王在60岁时去世，全国处于哀悼期，因此德国无法为探险队举办大型欢送仪式。1901年8月11日，"高斯"号在周围战舰的欢呼声中从基尔港扬帆起航。它通过凯撒—威廉运河（现为北海—波罗的海运河），前往下埃尔贝灯塔附近的锚地停留3天，进行最后的物资补给和船只检修。

8月15日，"高斯"号起锚，开始驶向南方。按照传统，它沿着诺伊迈尔青睐的路线航行，前往南印度洋的凯尔盖朗群岛，并在大西洋和南印度洋进行海洋学测量。随着深海捕捞网从4000米深处被拉起，许多色彩斑斓、形状奇特且会发光的深海生物被打捞上来，但由于突然减压，这些生物一出海面就会死亡。

"高斯"号在接近中大西洋脊的罗曼什海沟进行测深时，测得深度为7370米，这是大西洋的一个非常深的凹陷处。

11月6日，"高斯"号出现险情，船尾出现了一个漏洞，部分机房被淹，不得不使用蒸汽泵不停地抽水。经过紧急抢修，它直到11月23日才到达南非开普敦。

1984 年法属南方和南极领地发行《 "高斯" 号科考船》邮票印样和邮票

2002 年法属南方和南极领地发行《 "高斯" 号科考船停靠凯尔盖朗群岛百年》邮票和原地首日实寄封

　　"高斯" 号在开普敦进行了大修，并于 12 月 7 日离港。

　　1902 年 1 月 2 日， "高斯" 号到达了凯尔盖朗群岛，比原定计划晚了整整 6 周时间。

　　在凯尔盖朗群岛上，探险队大约花了 3 周时间建好了一座变电站和一座天文台。完成后，部分队员留在岛上进行观测工作。1 月 31 日， "高斯" 号离开凯尔盖朗群岛，继续前往南极。

　　7 天后， "高斯" 号的船员和队员们看到了第一座冰山。从这一刻起，航行变得异常艰难。当他们首次看到极光时，所有人都预感到极夜即将到来。

　　从 2 月中旬开始，不断扩大的浮冰区随着时间推移变得越来越密集。此时开始

Keiguelen: mont Cook, le glacier et le lac de Chamonix

Keiguelen: Iles Nuageuses

Keiguelen: le lac de Chamonix

凯尔盖朗群岛风光明信片

Le « Gauss » entouré par les animaux antartiques　　　Palais de la Mer. Section Allemande.

冻在南极冰海中的"高斯"号
明信片

下雪，一场风暴即将来临。德里加尔斯基写道："后来，没有人记得接下来几小时到底发生了什么，但我们都觉得自己成了大自然的玩具。暴风雪刮了起来，浮冰和冰山不断逼近……" 2月21日，他们终于看到了陆地。当他们在地平线上看到均匀的白色轮廓时，准确地判断出这是内陆冰层。他们将这片大陆命名为威廉二世地。

第二天早上，"高斯"号被冻在了冰中，无法移动。此时，他们位于南纬66° 2′、东经89° 48′，距离南极大陆约80千米。在接下来的几天里，船员们想尽一切办法试图将船从冰里弄出来，但都没有成功。3月2日，德里加尔斯基记录道："我们的命运已经注定：我们落入的陷阱已经关闭。"

天气越来越冷，但幸运的是，船上物资充足，船舱和餐厅都非常舒适。其中一名成员最恰当地描述了"高斯"号上的生活："周日是啤酒之夜，周三是演讲之夜，但周六晚上是最好的：我们坐在一起喝酒，在游戏中相互交流。俱乐部如雨后春笋般涌现。有几个纸牌俱乐部，一个抽雪茄的绅士俱乐部，合唱团，还有一个由口琴、长笛、三角铁和两个铜钹组成的乐队。"

虽然室内生活令人愉快，但室外的情况却截然不同。暴风雪肆虐，除桅杆之外，这艘船几乎被雪掩埋。温度下降到 −18° F（大约 −27° C），导致仪器破裂，几十瓶德国啤酒爆瓶。偶尔也会迎来晴好天气，正是在这样的日子里，队员们不仅收集了科学数据，还搭建了一座风车用来发电。

进入 3 月，形势稳定了许多，船长认为是时候开始雪橇探险了。第一支探险队于 3 月 18 日出发，历时 8 天。当队员们带着火山岩碎片返回时，他们获得了到达南极大陆的第一份实物证据。发现这些实物的位置距离船只大约 50 英里（约 80.47 千米），那里被命名为高斯堡。

当德里加尔斯基登上系留气球并上升到 1600 英尺（487.68 米）的高度时，他描述道："那里太热了，我甚至可以脱下手套……从这个高度看去，景色壮丽。我可以看到新发现的高斯堡……我通过电话向甲板上的人描述了我的情况。这是周围地区唯一的不冻地标。"

4 月初，第二支雪橇探险队结束了为期 13 天的高斯堡之旅返回。4 人在高斯堡搭建了一个临时避难所，以备日后再次前往该地区。此后，德里加尔斯基决定参加第三次探险，并于 4 月 27 日，也就是离船 6 天后到达高斯堡。这时气温已经降到了 –38°F（大约 –39°C）。不幸的是，当他们到达时，发现避难所在风暴中已经成了废墟。重建避难所花费了大量时间。接下来的几天，他们致力于地质和磁力勘测。在返回船上的途中，又一场风暴袭来。食物很快就吃完了，就在他们准备杀死一些雪橇犬的时候，偶然发现了一只被之前的队伍杀死的海豹。虽然有了充足的食物，但天气太差，他们完全迷失了方向。然而，当他们跌跌撞撞地走进白雪覆盖的地方时，好运也随之而来——"高斯"号出现了。

100 Jahre Entdeckung des Gauss-Berges
durch die 1. Deutsche Südpolar-
Expedition

Arge Polarphilatelie e.V.

德国首次南极考察队考察
高斯堡百年纪念封

99

高斯堡位于 66° 40′ S，是探险队到达的最南端。德里加尔斯基曾认为有可能达到 72° S 或 73° S，但随着春天的到来，他放弃了这个想法。随着春天的临近，人们开始关注如何将船从冰层中解救出来。冰层已经开始破裂，但他们离最近的一片开阔水域还有 2000 英尺（609.60 米）。于是，人们在冰上挖洞，并填入炸药，试图炸开一条路。大约 20 英尺（约 6.10 米）长的钢锯被用来切割船体旁边的冰，但进展非常缓慢。船员们开始怀疑是否需要从德国再派一艘船来救援他们。

"高斯"号船长汉斯·鲁瑟甚至建议在空啤酒瓶中装入求救信，扔进水里作为漂流瓶。此外，他还建议在下一次北风来临时，再用气球空投 100 个瓶子。

一天，德里加尔斯基在船上走来走去时，注意到来自船烟囱飘落的煤灰落在冰面上，融化了下面的冰。他意识到黑色的煤灰吸收了太阳光，从而使下面的冰融化。他立即下令将煤灰铺在"高斯"号通往开阔水域的小径上。果然，煤灰下面的坚冰开始融化，不到一个月，就形成了一条几乎两米深的长水渠。尽管下面仍有 4 ~ 5 米厚的冰，但水道仍在不断变宽，最终变成了一个小池塘。1902 年 12 月底，开始下雨。

圣诞节和元旦过去了，直到 1903 年 2 月 8 日，"我们突然连续感到两次剧烈的震动……这就像是一个启示。随着一声'冰裂开了'的喊声，我跳到了甲板上。"船脱离冰层后，探险队开始了沿南极海岸的缓慢航行。因为在浮冰中穿行既危险又缓慢，所以 3 月 31 日，德里加尔斯基下令向北航行。"这是一个最艰难的决定，但这是必要的。这里没有安全的地方过冬……"

就在德里加尔斯基带领探险队员与冰层苦战，努力解救被困的"高斯"号时，德国已提前开始了救援行动。早在 1902 年 6 月，内政部就与财政部以及其他顾问一起，开始规划救援行动。按照德里加尔斯基出发前提出的建议，如果组建救援队，将由凯尔盖朗群岛站的气象学家约瑟夫·恩赞斯珀格担任救援行动的领导，但他于 1903 年年初去世了，因此不得不另寻人选。

1903 年 3 月底，"唐琳"号的船长 C·纽豪斯被任命为救援行动的船长。同时，医生兼地理学家阿尔贝特·塔菲尔也向内政部申请参加救援行动。

"高斯"号于 1903 年 6 月 9 日抵达南非开普敦，德里加尔斯基向柏林发去电报，一方面报告了他们的近况，另一方面请求批准考察队再次在南极过冬。然而，7 月 2

日，他们收到德国发来的电报，请求被拒绝，要求全体人员返回。

"高斯"号于1903年11月23日抵达德国基尔。当时德国舰队正在进行军事演习，港口已经关闭，只有普鲁士亨利亲王的兄弟前来迎接，他对这次探险颇感兴趣。而德皇威廉二世甚至没有发来贺电，这一态度显示出他对这次探险结果的失望。在威廉二世看来，南极探险在地理研究方面最重要的任务是尽可能填补地图上的空白点，而这次探险未能达到这一目标。

1904年年初，鉴于"高斯"号是一艘木船，维护成本高，长期闲置会贬值，德国政府建议尽快将其出售。最终，"高斯"号以7.5万加拿大元的价格被转售给加拿大。新船长约瑟夫·埃尔泽尔·伯尼尔将其改名为"北极"号，用于研究北美群岛。

德里加尔斯基花了许多年的时间来整理他的考察成果。1905—1931年，他出版了20卷学术著作。

1905年，李希霍芬突然去世，德里加尔斯基随后成为柏林大学和海洋研究所的负责人。1906年，德里加尔斯基被慕尼黑路德维希－马克西米利安大学任命为新成立的地理学系教授。从1907年到1935年退休，他一直领导慕尼黑地理学会。1910年夏天，凭借丰富的极地经验，德里加尔斯基陪同德国北极齐柏林远征队进行研究之旅，研究未来齐柏林飞艇在北极飞行的技术条件。第二次世界大战后，德里加尔斯基于1947年夏季到1948年冬季在慕尼黑大学地球物理研究所任教，并再次开办讲座。

1949年1月10日，埃里希·冯·德里加尔斯基在慕尼黑去世，被安葬在帕滕基兴公墓。

诺登舍尔德在南极"玩"失踪

1878 年 7 月 4 日，尼尔斯·阿道夫·埃里克·诺登舍尔德率领"维嘉"号和"勒拿"号离开瑞典首都斯德哥尔摩，开启了北极探险之旅。8 月 19 日，两船通过切柳斯金角（北纬 77° 34′），创下欧洲人向东航行的纪录。

"勒拿"号到达雅库茨克后，"维嘉"号继续东行。9 月初，"维嘉"号抵达契拉格斯基角。由于海域冰封，尼尔斯·阿道夫·埃里克·诺登舍尔德不得不在此停航，并与当地原住民楚科奇人一起越冬。在长达 9 个月的漫长北极冬季里，大副诺格维斯特编写了一部楚科奇语词典和一部楚科奇语语法书。

1879 年 7 月 18 日，"维嘉"号离开冰封的海域，从北冰洋进入太平洋，于 9 月 2 日抵达日本横滨。探险队受到日本明治天皇的接见并被授予勋章。1880 年 4 月 24 日，"维嘉"号返回斯德哥尔摩。国王奥斯卡二世下令将这一天定为国庆日。尼尔斯·阿道夫·埃里克·诺登舍尔德因此成为成功打通北极东北航道的探险家。

尼尔斯·阿道夫·埃里克·诺登舍尔德的侄子尼尔斯·奥托·诺登舍尔德是一位有着极地探险情怀的地质学家。1895—1897 年，他前往南美洲巴塔哥尼亚高原南

瑞典发行《瑞典著名探险家——尼尔斯·阿道夫·埃里克·诺登舍尔德》邮票

部进行探险，1900 年又前往东格陵兰探险，积累了丰富的极地探险经验。

尼尔斯·阿道夫·埃里克·诺登舍尔德曾梦想前往南极探险，但因种种问题未能实现，并于 1901 年去世。为了完成叔叔未竟的事业，尼尔斯·奥托·诺登舍尔德开始筹划自己的南极探险活动。他组建了一支探险队，由经验丰富的卡尔·安东·拉森担任"南极"号船长，同时邀请瑞典学院教授约翰·贡纳尔·安德松为副指挥。"南极"号于 1901 年 10 月 16 日离开哥德堡，拉开了瑞典参与南极考察的序幕。

1902 年 2 月 12 日，尼尔斯·奥托·诺登舍尔德和 5 名队员登陆南极半岛北段东侧的雪丘岛，并在那里搭建了由预制构件制造的木屋，开始了越冬生活。与此同时，"南极"号停泊在附近不结冰的海域。

1901 年 10 月 16 日，"南极"号离开瑞典哥德堡照片明信片

1902 年 2 月 12 日，尼尔斯·奥托·诺登舍尔德（左三）和 5 名队员离船登陆雪丘岛越冬的照片明信片

在冬季的野外考察中，队员们发现了大叶化石，这表明南极洲曾经经历过非常温暖的气候。此外，他们还发现了一种未知企鹅的化石，其骨骼比帝企鹅大得多。

南极企鹅的共同形态特征是：躯体呈流线型，背部覆盖黑色羽毛，腹部为白色羽毛，翅膀退化成鳍状，羽毛为细管状结构，呈披针形排列，足瘦腿短，脚趾间有蹼，尾巴短小，躯体肥胖，行走时蹒跚摇摆，宛如穿着燕尾服的绅士，因此被人们视为南极洲的象征。

目前，全球共有 18 种企鹅，它们大多数分布在赤道以南的南半球，以南极大陆为中心，北至非洲南端、南美洲和大洋洲，主要栖息在大陆沿岸及某些岛屿上。

据不完全统计，目前南极地区的企鹅数量接近 1.2 亿只，占全球企鹅总数的 87%，同时占南极海鸟总数的 90%。在南极的企鹅种类中，数量最多的是阿德利企鹅，约有 5000 万只；其次是帽带企鹅，约有 300 万只；数量最少的是帝企鹅，约有 57 万只。

2017 年 12 月 14 日，科学家在新西兰发现了一种新的远古巨型企鹅化石。这种企鹅生活在大约 6000 万到 5500 万年前，体型巨大，其站立高度接近 1.8 米，体重约 100 千克。由于其体型庞大，科学家在初次发现化石时甚至误以为它是一种巨龟。

通过对骨骼化石的测量和研究，科学家们确认了这种远古巨型企鹅的体型特征。

2012 年，美国考古及化石学家在秘鲁帕拉卡斯保护区内挖掘出一块距今约 3600 万年的史前巨型企鹅化石。这种巨型企鹅生存于恐龙灭绝之后，地球气候转暖且史前巨型鸟类与哺乳动物开始广泛分布的时期。考古学家克塞帕卡博士介绍称，化石显示这种企鹅的翅膀上仍然附着着羽毛和一些较小的廓羽，这些羽毛的功能与现代企鹅用于防水和保持身体温度的羽毛类似。从尺寸来看，这些羽毛并不比现代普通企鹅的羽毛更大，甚至部分现代小型企鹅的羽毛长度超过了它。通过对化石羽毛中色素体的分析，研究人员发现这种史前巨型企鹅的羽毛颜色与现代企鹅的黑白两色不同，而是呈现浅灰色或棕红色，且幼年企鹅身上可能长有暗色羽毛。

虽然化石中的一些羽毛比较松散，无法完全确定其颜色分布，但骨骼特征表明这是一只完全成年的企鹅，其身上有棕红色和灰色的羽毛。化石还显示了企鹅的鳍状肢和羽毛的形状，表明企鹅很早就已经适应了海洋生活，而现代企鹅以黑白颜色为主体的特征可能是在更近的年代进化出来的。

这种史前企鹅的身高约为 1.8 米，相当于现代企鹅身高的两倍。由于其发现地位于印加王国的领土范围内，古生物学家将其命名为"印加企鹅"。与现代企鹅不同，

阿德利企鹅

帝企鹅（张瑞／拍摄）

帽带企鹅

105

印加企鹅主要生活在热带地区，它们利用 18 厘米长、标枪一样的喙部在温暖的海洋中捕食鱼类。考古学家指出，地球上所有史前时代的巨型企鹅都已经灭绝，现存的企鹅种类体型较小，主要生活在南极地区。现存的最大企鹅是帝企鹅，身高约为 1.2 米。这项研究的负责人、古生物学家克拉克表示，在这块化石被发现之前，人类对远古企鹅的羽毛、颜色和鳍状肢形状知之甚少，这些发现为解答相关疑问提供了重要线索。

此外，新西兰在 2700 万年前也曾有一种身高 1.3 米的巨型企鹅，新西兰原住民毛利人称这种企鹅为"卡里尤库"，意为"带回食物的潜水者"。这种企鹅在游泳时可以伸展到 1.5 米，比现代的帝企鹅还要高 30 厘米。卡里尤库企鹅比现代企鹅苗条，身体细长，脚蹼较长，腿脚短粗，嘴巴较长。在新西兰的渐新世时期（地质时代古近纪的最后一个主要分期，大约从 3400 万年前开始，到 2300 万年前结束），曾出现至少 5 种企鹅，其中卡里尤库企鹅体形最大。卡里尤库企鹅化石的最近一次发现是在 2011 年，由 Ewan Fordyce 教授及其奥塔哥大学地质系团队在 Kokoamu 绿沙地发现的。早在 1977 年，Fordyce 教授就曾发现过残缺的卡里尤库企鹅化石，此后又多次发现完整的化石。

这些史前巨型企鹅化石标本的发现，为人类进一步了解企鹅家族的演化史提供了重要依据，堪称古生物史上的一个里程碑，在国际上引起了广泛关注。为此，秘鲁在 2013 年专门为印加企鹅发行了一枚邮票小型张以示纪念，新西兰储备银行则在 2014 年专门铸造了面值 5 新元的 1500 枚限量版 1 盎司银币，纪念卡里尤库企鹅化石的发现。

2014 年新西兰储备银行发行 5 新元限量版 1 盎司银币

此前，研究人员在新西兰发现了其他远古企鹅的化石，其中包括威马奴企鹅属的 Waimanu manneringi，这种企鹅生活在约 6100 万年前。然而，目前记录中体形最大的企鹅是卡氏古冠企鹅，生活在 3700 万年前的南极。根据 2014 年发表在 Comptes Rendus Palevol 期刊上的一篇论文介绍，卡氏古冠企鹅站立时的高度可达两米，体重可达 60 千克。相比之下，今天的企鹅家族中，体形最大的是帝企鹅，成年个体的身高可达 120 厘米，体重可达 46 千克。

2013 年秘鲁发行《印加企鹅》邮票小型张

印加企鹅美术复原图

卡里尤库企鹅美术复原图

1902 年圣诞节，尼尔斯·奥托·诺登舍尔德一行在雪丘岛上庆祝，期待"南极"号前来与他们会合。然而，"南极"号离开雪丘岛后，遭遇暴风雪，不得不前往乌斯怀亚避风，并前往马尔维纳斯群岛（福克兰群岛）接上副指挥安德松。11 月 4 日，拉森船长准备前往雪丘岛接上尼尔斯·奥托·诺登舍尔德一行，但在南纬 59° 30′ 遭遇大片浮冰群。17 日的暴风雪使"南极"号举步维艰，拉森船长不得不退回到马尔维纳斯群岛（福克兰群岛），等待天气好转后再前往雪丘岛。

12 月 5 日，拉森驾驶"南极"号信心满满地前往雪丘岛，船上准备了新鲜的阿根廷羊肉、大雁肉，以及巴塔哥尼亚的常绿乔木山毛榉，准备当作圣诞树。然而，在南极半岛东侧北段，浮冰迫使"南极"号无法驶向雪丘岛。拉森只好把安德松等 3 人放下，让他们从陆地上前往雪丘岛，通知尼尔斯·奥托·诺登舍尔德一行撤到小

海湾上船。不幸的是，小队穿越浮冰区后，被开阔水域挡住了去路，不得不返回下船的小港湾。还好他们在这里储藏了足够 9 个人生活 2 个月的食品和物品，并将此地命名为希望湾。

12 月 29 日，"南极"号尝试从南极海峡穿过，但航道上全是浮冰，拉森不敢冒险，只好退回，改从东面行驶。然而，浮冰挤碎了船尾，船员使用抽水泵不停地工作了一周多，"南极"号还是未能摆脱沉没的命运。1903 年 2 月 13 日，拉森不得不接受现实，把补给和设备尽可能多地搬运到浮冰上，随后全船 21 人和一只受惊的小猫撤到浮冰上，目睹"南极"号沉入海中。

经过 15 天的艰难跋涉，幸存者利用小船转载补给和设备，行进 40 余千米，最终登上保利特岛。至此，瑞典南极探险队被海冰分散在 3 处，彼此无法往来。希望湾和雪丘岛的探险队还在等待那永远也来不了的"南极"号。随着天气越来越糟糕，3 组人员清醒地认识到必须在南极越冬，食品和住所成为首要问题。希望湾和保利特岛的人员需要就地取材，企鹅和海豹成了他们的食物来源。雪丘岛人员由于事先搭建了预制木屋，过冬不成问题。在整个越冬过程中，只有保利特岛上的年轻海员奥利·克雷斯蒂安·温纳斯格德死于心脏病。

1903 年 10 月 11 日，位于希望湾的安德松在维嘉岛北岸遇见了正在岛上考察的尼尔斯·奥托·诺登舍尔德团队。10 月 16 日，希望湾的人员终于与雪丘岛人员会合，而这一天也正好是考察队离开瑞典整整两年的日子。

在瑞典南极探险队失去音讯后，阿根廷和瑞典政府迅速采取了救援行动。早在 1901 年 2 月，尼尔斯·奥托·诺登舍尔德率领"南极"号停靠阿根廷时，阿根廷政府曾希望派遣一名海军军官何塞·索布拉尔参与考察队的磁力学、海洋学和气象学工作，并在南极越冬。尽管当时尼尔斯·奥托·诺登舍尔德勉强同意了，但并未当真。然而，当 1902—1903 年瑞典探险队和"南极"号失去音讯后，阿根廷政府信守承诺，迅速采取行动。他们升级了一艘小型军舰"乌拉圭"号，用作南极搜救船，并命令阿根廷驻英国的海军专员朱利安·伊利亚尔在欧洲采购装备和补给，然后迅速回国开展搜救行动。

与此同时，瑞典政府也派遣了长期在北极捕鲸的"弗里肖夫"号，在奥洛夫·格莱登的带领下前往南极半岛进行搜救。

1975 年阿根廷发行《前往南方的先锋》邮票——《索布拉尔在雪丘岛》

　　1903 年 11 月 8 日，伊利亚尔率领的"乌拉圭"号在雪丘岛见到了尼尔斯·奥托·诺登舍尔德一行。就在大家琢磨该去何处寻找"南极"号时，拉森船长和其余 5 人意外地出现在屋外。原来，拉森船长在 10 月 31 日带领 5 名队员划着小船前往希望湾，发现营地已被废弃，从安德松留下的便条上得知他们 3 人已前往雪丘岛与尼尔斯·奥托·诺登舍尔德会合，于是 6 人待暴风雪停息后，立刻驾船前往雪丘岛。

　　11 月 10 日，尼尔斯·奥托·诺登舍尔德一行带着雪橇犬离开雪丘岛，前往保利特岛接其他队员。临行前，尼尔斯·奥托·诺登舍尔德给尚未到的格莱登留了一张字条，放在厨房桌子上的一个瓶子里。第二天早晨，"乌拉圭"号到达保利特岛，岛上的队员们在汽笛声中醒来，企鹅也被吵醒，小猫兴奋地奔跑。所有人都冲出来，疯狂地打招呼。返航之前，阿根廷人在保利特岛上建立了物资储藏点，并在死去的水手温纳斯格德的石冢上立了一个十字架。

　　12 月 2 日，"乌拉圭"号抵达布宜诺斯艾利斯，受到成千上万人的热烈欢迎，这种欢迎最终演变成一场盛大的狂欢。后来，这次救援行动多次出现在阿根廷的邮票上。

　　伊利亚尔后来成为阿根廷海军上将，阿根廷海军以他的名字命名了一艘南极破冰船——"伊利亚尔海军上将"号。这是南美洲最大的破冰船，船长 119 米，宽 25 米，破冰能力可达 6 米厚的冰层。

　　2002 年 6 月 11 日，德国科学考察船"玛格达莱·奥尔登多夫"号在南极大陆

2023 年阿根廷发行《救援瑞典南极科学考察队 120 周年》邮票，图案为"乌拉圭"号、参与救援的海军和返回布宜诺斯艾利斯港的情景

2019 年阿根廷发行《"伊利亚尔海军上将"号破冰船》邮票小型张

附近被一块宽达 92 千米的浮冰困住。船上共有 100 多人，其中包括 71 名俄罗斯南极站的科研人员，以及来自德国、印度和菲律宾等国的 36 名船员。

6 月 25 日，阿根廷海军"伊利亚尔海军上将"号破冰船从首都布宜诺斯艾利斯港启程，前往南极参与营救工作。船长 R·M·欧亚尔贝德在出发前的记者招待会上表示："目前南极的气象条件极为恶劣，考察船被困区域的气温低于 −20℃，云层很低，且漫天飞雪。我们的破冰船将尽量靠近考察船，但如果无法将其救出，我们只能先将船上人员安全转移，然后等到冬季过后再对考察船进行进一步救援。"

欧亚尔贝德船长预计破冰船将于 7 月 8 日抵达考察船的位置，并表示整个救援工作可能需要至少 2 个月的时间。

7 月 19 日，经过近一个月的艰难航行，"伊利亚尔海军上将"号终于接近被困的德国考察船。然而，由于恶劣的天气条件，救援行动在 7 月 23 日被迫中断。随着 7 月 25 日天气好转，救援行动得以恢复。

诺登舍尔德在南极『玩』失踪

此前，船上的科学家和患病船员已经被从南非赶来的"阿古利亚斯"号救援船上的两架南非空军直升机救走。当"伊利亚尔海军上将"号到达后，它在"玛格达莱·奥尔登多夫"号前面开辟了一条开阔的水道，为此次名为"南十字"的救援行动画上了圆满的句号。

瑞典南极考察队返回后，其科考成果在 1904—1920 年分 6 卷出版。其中，最重要的发现是他们采集到的化石。这些化石证明，在遥远的年代，南极曾是一块幅员辽阔、生机勃勃的大陆。

此后近 50 年，瑞典未再开展进一步的南极活动。

如今，瑞典南极探险队的 3 处小屋遗址、墓地石冢以及十字架，都被视为历史遗产，并受到《南极条约》的保护。

夏尔科的极地传奇

1903 年 1 月的南极大陆既热闹非凡，又麻烦不断。英国探险家罗伯特·福尔肯·斯科特指挥的"发现"号被困在东南极的罗斯岛，正在等待救援；德国探险家埃里希·冯·德里加尔斯基率领的"高斯"号在东南极海岸被海冰冻结了一年后，终于摆脱了困境。与此同时，由瑞典年轻地质学家尼尔斯·奥托·诺登舍尔德率领的"南极"号已经失去音讯许久。消息传回欧洲后，激发了一位法国医生让－巴布蒂斯特·夏尔科前往南极加入救援行动的想法。

1938 年和 1939 年法国连续发行《让－巴布蒂斯特·夏尔科》邮票

让－巴布蒂斯特·夏尔科出生于法国的一个医学世家，当时已经 36 岁。他的父亲是一位著名的神经学教授，而夏尔科自己也接受过正规的医学培训。按照父亲的期望，他本应继承父业成为一名杰出的医生。然而，夏尔科的志向却是成为一名极地探险家。他不仅是一名经验丰富的水手，还是一位出色的航海家，曾经驾船航行至北极附近的冰岛和北大西洋的法罗群岛，但一直未能有机会前往南极探险。

双亲去世后，夏尔科得到了大笔遗产，这使得他能够将行医作为副业，而将主要精力投入他真正感兴趣的极地探险中。诺登舍尔德的遇险消息促使夏尔科开始着手准备前往南极的救援行动。然而，仅靠他个人的财富显然无法支撑一次南极探险，尤其是这样一次兼具救援和科学考察性质的行动。

为了筹集资金，巴黎《晨报》刊登了为夏尔科募捐的广告，法国政府也提供了一部分资金支持，但这些仍然不足以满足探险的全部需求。最终，所有参与科考的人员都自愿无偿参与，法国海军军官也仅领取自己的基本工资，而船员则来自夏尔科自己的游艇，同样没有额外报酬。

夏尔科的"法兰西"号是一艘长 46 米、重 245 吨的船只，配备了一台二手的 93 千瓦蒸汽发动机。为了确保航行的坚固性，这艘船舍弃了法国人标志性的奢华与浪漫，甚至船上携带的红酒也寥寥无几，但有一个很大的图书馆。

1903 年 8 月 25 日，"法兰西"号载着 21 名成员出发了，其中包括"比利时"号领队德·热尔拉什。然而，由于性格等非公开原因，德·热尔拉什和两位科学家在"法兰西"号离开葡萄牙马德拉群岛后告诉夏尔科，他们将在巴西停靠时下船。

夏尔科于是征求了剩余人的意见，包括高级海军军官兼副指挥安德烈·马塔、气象学家 J.J. 雷伊和摄影师保罗·普雷诺在内的所有人都支持继续前往南极，绝不放弃！

11 月 16 日，夏尔科抵达阿根廷首都布宜诺斯艾利斯。此时，阿根廷海军几周前已经派出"乌拉圭"号去搜救尼尔斯·奥托·诺登舍尔德。而"法兰西"号的二手发动机这时却出现了故障，好在阿根廷政府热情地帮助法国探险队，不仅提供了维修所需的一切，还安排船只将探险设备运到乌斯怀亚，并免费为"法兰西"号提供煤炭。

两周后，尼尔斯·奥托·诺登舍尔德及瑞典探险队成功获救，返回布宜诺斯艾利斯，受到热烈欢迎。夏尔科在咨询了尼尔斯·奥托·诺登舍尔德、卡尔·安东·拉森和威廉·斯皮尔斯·布鲁斯后，将自己的科考探险路线选定为南极半岛西侧，从帕尔默群岛到阿德莱德岛，如果顺利，还将前往亚历山大一世地。自 1821 年被别林斯高晋发现以来，那里就再无人踏足。

"乌拉圭"号船长伊利亚尔将尼尔斯·奥托·诺登舍尔德的雪橇犬送给了夏尔科，并且将"乌拉圭"号的吉祥宠物"托比"——一只小猪送给了夏尔科的"法兰西"号。为了防止再次发生类似瑞典探险队的灾难，阿根廷海军还计划在夏季前往欺骗岛和温克岛巡航，为法国人保驾护航。

新招募的两位科学家——地质学家欧内斯特·古尔东和生物学家 J. 杜克特在 12 月初到位，船上还更换了一位厨师。12 月 23 日，载有 20 名船员、一只宠物猪和一只小猫的"法兰西"号开始了新的航程。

夏尔科沿途开展科考活动，在火地岛进行测绘，中途在斯塔滕岛接上雪橇犬，并在乌斯怀亚装载探险设备和阿根廷政府提供的免费煤炭。1904 年 1 月 27 日，"法兰西"号离开火地岛，顶着狂风恶浪，穿越德雷克海峡，沿着帕尔默群岛西海岸向南航行。

想不到"法兰西"号的二手发动机再次出现故障，只能依靠风帆航行。2 月 7 日，船只停靠在佛兰德斯湾进行大修。2 月 19 日，发动机终于修好了。

"法兰西"号在帕尔默群岛和热尔拉什海峡航行时，夏尔科在诺伊迈尔水道附近发现了一个小入口，里面是一处绝佳的避风锚地。夏尔科将其命名为洛克鲁瓦港。

夏尔科原计划穿越雷迈尔水道，因为德·热尔拉什认为水道南边的一个向东开口可以通往威德尔海。然而，"法兰西"号根本无法通过布满海冰的航道。夏尔科不甘心，于 2 月 23 日再次尝试，但航道仍被海冰堵塞，只能返回布斯岛，继续修理爆炸的发动机锅炉。

2 月 25 日，夏尔科再次离开布斯岛，一直航行到南纬 65° 58′ 附近。由于浮冰厚重且发动机状态极差，船只不得不返回布斯岛过冬。3 月 3 日，"法兰西"号停泊在布斯岛的一个海湾（这里后来被称为夏尔科港），准备越冬。

在整个越冬期间，只有一个人出现坏血病症状，副指挥马塔在 7 月中旬病倒了，于是按照"比利时"号船医库克的"药方"——吃新鲜肉，到 12 月恢复了健康。然而，吉祥宠物小猪"托比"却意外死亡了。它因为偷吃鱼而误吞了至少 6 个鱼钩。尽管夏尔科紧急为其进行了手术，但"托比"又在 12 月初患上了不明疾病，船员们给它喂了近 3 周的炼乳，它还是死了。大家把它埋在一只早先死去的雪橇犬旁边。这件事打击了大家的士气，所有人都很沮丧，因为大家都很喜欢"托比"。

12月2日，夏尔科前往今天被称为贝尔特洛的一片群岛，登上了附近的高峰，终于确认并没有海峡通往威德尔海。

1904年圣诞节，"法兰西"号离开布斯岛夏尔科港，先向北航行到洛克鲁瓦港以更新他之前留在堆石界碑上的信息，然后向南航行。1905年1月11日，夏尔科看到了南边隐约可见的亚历山大一世地以及东边壮丽的山脉，但浮冰阻挡了船只的靠近。

1月15日，夏尔科将阿德莱德岛东边一片从未被发现的大陆以法国总统埃米尔·卢贝的名字命名为卢贝地，以感谢他对探险活动的支持。然而，就在夏尔科和船员们沉浸在兴奋中时，"法兰西"号突然受到强烈冲击，随着一声巨响，船体几乎垂直竖立起来，原来是船只触礁了。大量海水从船头的破洞涌入，夏尔科意识到进一步探险已经不可能，只能撤回相对安全的洛克鲁瓦港，在那里勉强对船进行了修复，耗时10天。

3月5日，"法兰西"号停靠在距离布宜诺斯艾利斯以南数百英里的马德林港。10天后，船只回到布宜诺斯艾利斯，受到民众的热烈欢迎。阿根廷政府承担了"法兰西"号的全部维修费用。维修完成后，夏尔科将船卖给了阿根廷政府，后者将其改名为"南方"号，用于火地岛和南极的气象服务。1907年12月，"南方"号在拉普拉塔河触礁沉没。

在马德林港，夏尔科的团队得知日俄战争爆发。同时，夏尔科的个人生活也出现问题，他的妻子对他长期离家感到不满，决定离婚。

1905年6月6日，"法兰西"号全体成员搭乘商船返回法国。尽管这次南极探险准备并不充分，但最终的成果却相当丰富，共有18卷出版。法国政府承担了全部费用，为南极地图贡献了近1000千米的海岸线和岛屿的新地名。夏尔科的探险经历《"法兰西"号的南极之行》于1906年出版，科学成果的第一卷也在同年出版。

1908年，夏尔科重返南极。这次他驾驶的是一艘全新的"为什么不？"号探险船，这艘船排水量达800吨，配备一台336千瓦的主发动机。船上还安装了一台6千瓦的发电机，为全船提供电力照明。此外，探险队还携带了一艘配备6千瓦发动机的摩托艇和几辆机动雪橇。

1908 年夏尔科南极探险队员在"为什么不？"号上的老照片

除 8 名"法兰西"号的旧部外，夏尔科从 200 多位应征者中精心挑选了 13 人。此外，他还带上了自己的新婚妻子玛格丽特。夏尔科和玛格丽特于 1907 年结婚，婚前玛格丽特曾发誓绝不参与丈夫的探险活动，但 1908 年 11 月 23 日，她还是搬到了智利最南端的蓬塔阿雷纳斯，这是距离探险船最近的城市。

"为什么不？"号于 1908 年 10 月抵达布宜诺斯艾利斯，受到了阿根廷人超乎想象的热烈欢迎。阿根廷政府依然全力支持夏尔科探险队的需求，还对"为什么不？"号进行了加固。

12 月 16 日，"为什么不？"号载着 30 人、4 只猫（1 只成年猫和 3 只小猫）以及 2 只阿根廷政府赠送的宠物狗，驶向南极半岛的欺骗岛。然而，欺骗岛的景象让夏尔科大为震惊。5 年前他来到这里时，这里还是一个原始、荒芜的港湾，而如今，这里却变成了一个血流成河的杀戮现场。海中漂浮着鲸的尸体，空气中弥漫着鲸油的恶臭，堆积如山的鲸骨上站满了如苍蝇般密集的贼鸥，海水变成了腐臭的红褐色，陆地沙滩上湿滑黏腻，必须走在木质栈道上才不会滑倒。这里已经成为一个繁忙的挪威捕鲸基地，宛如北欧的渔港。

在欺骗岛补充煤炭后，"为什么不？"号继续向南航行。1909 年 1 月 8 日，船只在彼得曼岛搁浅，发出刺耳的撞击声。经过一番努力，船只于1月12日离开彼得曼岛继续南行。

1月14日，夏尔科和"为什么不？"号重返1905年发现的卢贝地。夏尔科将一个大海湾命名为马塔湾，以纪念"法兰西"号的副指挥安德烈·马塔。由于天气晴朗，夏尔科意识到当年命名的卢贝地实际上只是阿德莱德岛的一部分，于是将阿德莱德岛东边的海岸命名为卢贝海岸。

此后，"为什么不？"号驶过南极圈，绕过阿德莱德岛南端，发现了一片广袤的海湾，南至沃迪冰架。这处宁静的海湾是天然的避风港。夏尔科以他妻子的名字将其命名为玛格丽特湾。

在整个越冬期间，"为什么不？"号已经受损的船体不断受到冰块的撞击，并且被冰层冻结。与此同时，夏尔科出现了咳嗽不止、呼吸急促以及腿部无原因肿胀的症状。他自我诊断可能是"极地心肌炎"。

2月，生物学家路易斯·盖恩对企鹅栖息地进行了首次正式研究，并观察到上个秋天戴上脚环的企鹅回到了原来的聚居地，这证明了企鹅会回到同一个栖息地。

9月18日，地质学家欧内斯特·古尔东担任领队，进行了一次雪橇探险，并取得了冰川学、地形学和气象学的观测成果。

11月27日，夏尔科前往欺骗岛装卸煤炭，并请捕鲸站的潜水员查看"为什么不？"号的受损情况。事后，潜水员对夏尔科发出警告："你一定不要在这种情况下继续在海冰中航行……普通的海上航行都已经很危险了，任何一点撞击都可能让你葬身海底。"然而，夏尔科并未听从潜水员的忠告，只是礼貌地感谢了他，并请他只报告撞击对船只造成的是小问题。

受天气变化、复杂海况和海冰阻碍等因素影响，"为什么不？"号从12月23日到1910年1月6日一直在欺骗岛和乔治王岛之间徘徊。直到1月6日，船只才终于开始南下，前往亚历山大一世地。

1910年1月11日，夏尔科根据观测结果，确认自己在南纬70°、西经77°附近发现了一块陆地。为了纪念自己的父亲，他将此地命名为夏尔科地，即现在的夏尔科岛。1月14日下午，他见到了彼得一世岛。这是该岛自1821年被别林斯高晋发

玛格丽特湾

2017 年法国发行《夏尔科》邮票小型张

现后再次被人看到。在随后的一周中，"为什么不？"号在浮冰群中艰难航行，穿越了西经 107°的浮冰区。1774 年，库克船长正是在这条经线上创造了南纬 71°10′的南极航行纪录。夏尔科原本希望抵达库克创纪录的纬度，但由于密集的浮冰群，"为什么不？"号只能止步于南纬 70°30′。

鉴于"为什么不？"号的船况，夏尔科于 1910 年 1 月 22 日决定结束南极探险，返航前往智利的蓬塔阿雷纳斯。2 月 11 日，他们抵达蓬塔阿雷纳斯，受到了热烈欢迎，来自世界各地的贺电如潮水般涌来。

在乌拉圭首都蒙得维的亚，"为什么不？"号进行了几周的大修，之后返回法国。1910 年 6 月底，夏尔科回到法国，其探险自传《"为什么不？"号的南极之旅》于当年年底出版，并被翻译成多种语言。此次探险的学术成果汇编成了一套长达 28 卷的著作，其中第一卷于 1911 年出版，最后一卷则在 10 年后的 1921 年出版。

此次南极探险极大地丰富了人类对南极地区的认知。探险队对约 1250 英里（约 2011.68 千米）的海岸线进行了不同程度的勘察和调查，绘制了大量新的航

1961 年法属南方和南极领地发行《纪念夏尔科逝世 25 周年》邮票，因为邮票到达各地不同，各地首日封时间也不同，图为 1962 年 2 月 4 日 Crozet 岛邮票首日封

海图和地图。他们首次发现了南极半岛西侧、阿德莱德岛南侧和东侧的地形，并绘制了相关地图。

1910 年以后，夏尔科乘着"为什么不？"号又前往北极进行考察，同样取得了丰硕的成果。

1936 年 3 月，一场强烈的北极风暴导致"为什么不？"号撞上了冰岛南部海岸的岩石。船上仅有一名幸存者。据他回忆，他最后看到夏尔科时，夏尔科正在舰桥上放飞他的宠物海鸥。

LE PLUS BEAU TIMBRE DE L'ANNÉE 2007
Jean-Baptiste Charcot 1867-1936   POURQUOI-PAS ?

2007 年法国发行《夏尔科和"为什么不？"号》邮票小型张

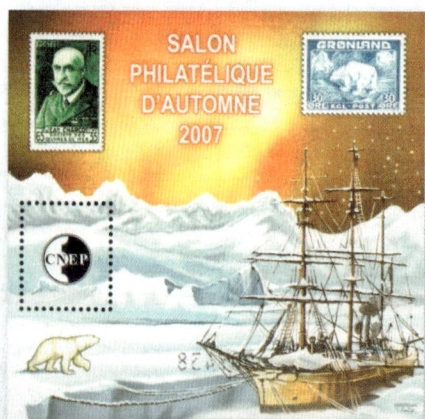

2007 年法国集邮沙龙发行《夏尔科在北极》纪念张

2007 年格陵兰发行《夏尔科》邮票小型张，
此为邮票雕刻大师马丁·莫克雕刻的试印样

胜之不武的阿蒙森

弗雷德里克·库克和罗伯特·皮尔里这两位美国探险家分别于 1908 年 4 月 21 日和 1909 年 4 月 6 日声称自己到达了北极点，对于挪威探险家阿蒙森来说，意味着他为征服北极点的一切努力都付诸东流了。

1909 年 9 月 9 日，声称已经征服北极点的库克在丹麦哥本哈根的凤凰酒店与阿蒙森会面。在交流中，库克对阿蒙森说："北极点已经不重要了，为什么不试试南极点呢？"另一位挪威探险家南森的副手奥托·斯韦德鲁普也说："让我们来一场竞赛吧！"

到达北极点的库克

123

经过冷静思考后，阿蒙森做出了一个大胆的决定——掉头向南，去成为第一个到达南极点的人。

1910年6月，阿蒙森驾驶南森提供的392吨的"前进"号（Fram）从挪威出发。9月抵达大西洋上的马德拉群岛后，他才向同伴宣布前往南极的消息。阿蒙森这样做有两个原因：一方面他担心资助商可能会反悔；另一方面，当时许多极地探险家都在跃跃欲试，试图成为第一个登上南极点的人。阿蒙森向大家表示，如果有人不愿意去南极，他可以设法将他们送回家。起初，船员们感到非常震惊，但当他们理解了阿蒙森的意图后，没有一个人表示反对，反而对他的大胆和勇气表示由衷的钦佩。

1911年1月14日，"前进"号顺利抵达南极大陆罗斯海东侧的鲸湾，船上还载有100只健壮的雪橇犬。

与此同时，英国皇家海军上校罗伯特·斯科特率领的英国南极探险队也做好了充分的准备。斯科特于1868年6月6日出生在英国德文郡，他很早就进入皇家海军学校学习航海，并在毕业后成为一名海军军官。斯科特曾在1901—1904年的"发

2004年罗马尼亚发行"前进"号邮资封，从左至右人物分别是南森、南森副手奥托·斯韦德鲁普和阿蒙森

"前进"号明信片

现"号探险中担任队长，在 1902 年带领 23 人组成的探险队尝试到达南极点，最终抵达南纬 82°17′，创造了当时最接近南极点的世界纪录。

当斯科特的"特雷诺瓦"号抵达澳大利亚墨尔本时，他收到了阿蒙森的一封电报："谨通知您，我已前往南极。阿蒙森。"这封电报如同一封挑战书，让斯科特非常恼火。然而，斯科特坚信自己拥有壮实的西伯利亚矮种马和先进的摩托雪橇，阿蒙森绝不是他的对手。更重要的是，斯科特拥有丰富的极地探险经验。不过，"特雷诺瓦"号在前往南极的途中遇到了一场特大风暴。当他们好不容易抵达南极大陆的罗斯岛时，已经比原定计划晚了 10 多天。

位于新西兰基督城的斯科特塑像

阿蒙森一行抵达罗斯海的鲸湾后，迅速着手在罗斯冰架上建立过冬营地，即"前进基地"。南极的漫长黑夜从 4 月开始，因此他们必须尽快做好过冬准备，并为征服南极点做好一切前期工作。

阿蒙森选择了一条前所未有的路线前往南极点。他将过冬营地建在罗斯冰架上，这是一个大胆的决策。罗斯冰架是地球上最大的浮动冰块，靠近海洋的一端，巨大的冰块会不断裂开并落入海中形成冰山。但由于营地离海较近，他们能够更高效地将"前进"号上的食品和装备卸载下来，大大节省了运输时间。

从 2 月 9 日起，阿蒙森和队员们按照严密的计划开始向南沿着经线布设仓库。每隔一个纬度（约 111 千米），他们设立一个仓库，用于储存食品和生活用品，为向南极点冲刺的探险队提供补给。在两个月内，他们沿着南纬 80°、81° 和 82° 设立了 3 个仓库，运进了数吨重的食物。

为了便于在茫茫冰原中找到这些仓库，他们采取了多种标识措施：每个仓库都

斯科特上校和"特雷诺瓦"号

1961年挪威发行《阿蒙森南极考察》邮票

英国探险队的"特雷诺瓦"号

被堆成冰雪小丘，上面插上挪威国旗；在18千米长的地段内，每隔1千米筑起一根顶上挂旗的冰柱，形成一排"栅栏"；每隔15千米竖立一根顶端挂着黑旗的竹竿作为标志。如果竹竿不够，他们会用一条冻得硬邦邦的咸鱼代替。

探险队在南纬80°的第一个仓库，储存了4200磅（约1905.09千克）给养，包括海豹肉、犬食干肉饼、饼干、黄油、奶粉、巧克力、火柴和煤油；在南纬81°的第二个仓库，储存了3300磅（约1496.85千克）供犬食用的干肉饼；在南纬82°的第三个仓库，储存了1366磅（约619.60千克）给养，包括人和犬食用的干肉饼、饼干、奶粉、巧克力以及煤油。

这项工作不仅是为正式进军南极点做好食品储备，还让队员们熟悉了行进路线。事实证明，阿蒙森的准备工作为他们后来成功抵达南极点起到了关键性的作用。

斯科特探险队也在紧张地进行各项准备工作。他们忙着建立营地，并在向南的

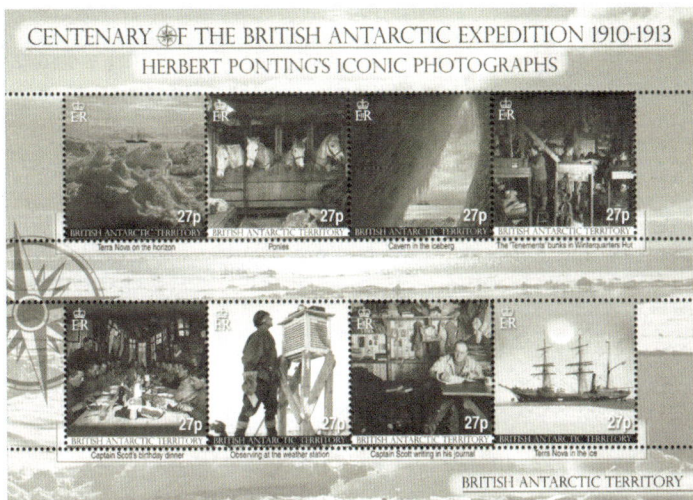

路线上布设仓库。然而，由于地形崎岖不平，再加上斯科特带来的西伯利亚矮种马根本不适应极地气候，使得运输物资的进程遇到了很大麻烦。从 1911 年 1 月下旬到 2 月中旬，他们仅在南纬 79°27′处建立了一个"一吨仓库"，贮存了大约一吨的食品和燃料。

从装备情况来看，阿蒙森的准备相对简单而高效。他只有 100 只雪橇犬，这些犬是从格陵兰精心挑选的，同时还配备了足够的上等雪橇和滑雪板。阿蒙森对雪橇

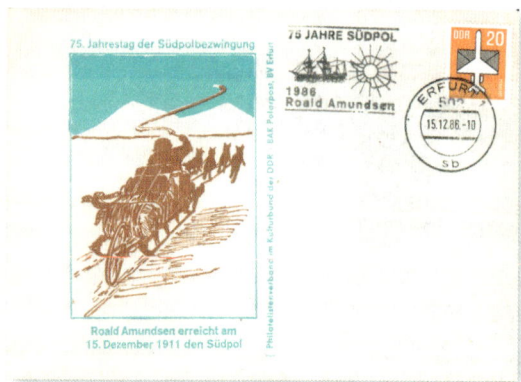

1986 年民主德国发行《纪念阿蒙森到达南极点》纪念封

英属南极领地发行《斯科特向南极点挺进》邮票

犬照顾得无微不至。他的 3 个食品仓库中，除储存海豹肉、饼干、黄油、奶粉、巧克力、火柴和煤油等物资外，还专门准备了给犬吃的干肉饼。相比之下，斯科特的装备则更为复杂。他不仅配备了 33 只雪橇犬，还带了 15 匹西伯利亚矮种马，以及两辆当时被视作最先进的摩托雪橇。然而，斯科特做梦也没有想到，这些不适应南极恶劣气候的马和摩托雪橇，最终会成为导致探险失败的关键因素。

经过南极漫长而寒冷的冬季后，1911 年 10 月 19 日，阿蒙森与 4 名队员踏上征程。他们由 42 只体格健壮的雪橇犬拉动 4 副雪橇，雪橇上装载着远超常规需求的食品和其他物资。在前往南纬 82° 的途中，他们对路线已经非常熟悉。然而，一旦越过这一区域，他们便进入了完全陌生的地带。在行进过程中，他们小心谨慎地向南推进，并且每隔一个纬度就设立一个食品仓库，为返程做好准备。

斯科特的探险队出发时带了 4 匹马、22 只雪橇犬和 2 辆摩托雪橇，但刚行进60 多千米，摩托雪橇就出现了故障，彻底报废。11 月 15 日，他们艰难抵达"一吨仓库"，此时 4 匹西伯利亚矮种马因经受不住极地的严寒而奄奄一息，斯科特只能将它们杀死。此后，他们失去了重要的运输力量，只能依靠人力拖曳沉重的雪橇，这极大地消耗了探险队员的体力。

当阿蒙森一行抵达南纬 83° 时，远处已经可以看到连绵起伏的山脉。这些山脉位于南纬 85° 附近，海拔超过 4500 米。山坡上裸露着黑色的岩石，而山坳处则分

1961年挪威发行《阿蒙森到达南极点》邮票

布着银色的冰河。山脉的另一侧便是海拔3700米的南极高原。南极点附近是一个圆丘形的高地，大陆冰川从这里向四周缓缓流动，气候极为干燥且酷寒。在这次探险中，雪橇犬发挥了至关重要的作用。这些不怕严寒、吃苦耐劳的动物齐心协力地拉着沉重的雪橇，穿越错综复杂的冰裂缝，攀爬陡峭的冰坡，仅用了四五天时间就登上了南极高原。

成功登上南极高原后，阿蒙森下令杀掉24只较弱的雪橇犬，并弃掉一副雪橇，剩下的18只雪橇犬被分为3组，拖拉另外3副雪橇。然而，此时天气突然变坏，暴风雪连续刮了几天几夜，丝毫没有停歇的迹象。他们在帐篷里待了5天，阿蒙森再也沉不住气了。他担心耽搁太久会被英国人抢先一步，于是决定顶着狂暴的风雪继续前进。他们将绳子拴在腰间，迎着暴风雪在冰原上艰难跋涉，即便如此，人和雪橇犬仍然不时滑倒。他们每走一步都必须小心翼翼，因为周围到处是冰裂缝和可怕的深渊，稍有不慎便会陷入绝境。

1911年12月8日，他们抵达南纬88°23′，这是3年前英国探险家欧内斯特·沙克尔顿曾经到达的最南纬度，再往南就是从未有人涉足的地方了。此时，天气又发生了戏剧性的变化，阳光明媚，晴空万里——南极的天气就是这样，暴风雪说来就来，说停就停。阿蒙森和他的队员们都非常激动，他们忘却了一路上的痛苦，脸上溃疡、脚上水泡都不再重要，大家的干劲更足了。

阿蒙森一边前进，一边目不转睛地盯着雪橇计程表上的指针。1911年12月13日下午3时，阿蒙森兴奋地喊道："停止！南极点！"当天晚上，经过精确的天文测

量，他们发现南极点实际上距离这里还有 10 千米。第二天，也就是 1911 年 12 月 14 日他们终于抵达南纬 90°，也就是地球的最南端。阿蒙森和他的伙伴们兴奋地拥抱、握手，互相祝贺。他们在极点堆起一座圆锥形的石堆作为标记，支起一个小帐篷，在帐篷顶上插上挪威国旗和"前进"号的船旗，并将周围的高地以挪威国王的名字命名为哈康七世高原。

阿蒙森一行在南极点停留了约 72 小时。在他们离开时，帐篷内留下了一只皮口袋，里面装有一份给挪威国王的报告和一封给斯科特的信。阿蒙森信中请求斯科特将这封报告喜讯的信转交给挪威国王，因为他们难以预料返回途中是否一切顺利。

阿蒙森一行是世界上第一批到达南极点的人，与他同时到达的还有奥拉夫·奥拉夫森·伯雅兰德、斯韦恩·哈塞尔、奥斯卡·维斯滕、赫尔默·汉森。他们于 1911 年 10 月 19 日从"前进基地"出发，到 1912 年 1 月 25 日返回基地，仅用了 98 天时间就完成了举世闻名的南极点之行。这一成就固然离不开他们坚忍不拔的毅力和不屈不挠的精神，但阿蒙森出色的组织才能和严谨的科学态度也起到了至关重要的作用。

相比之下，斯科特的探险却极为艰苦，结局也极为悲惨。斯科特没有像阿蒙森那样使用雪橇犬作为主要畜力，而是配备了西伯利亚矮种马和摩托雪橇，这是一个重大的失误。西伯利亚矮种马因无法承受寒冷的天气，很快就全部死亡了，摩托雪橇也因故障成了废铁。结果，斯科特和队员们只能依靠人力拖拉沉重的雪橇前进，这极大地消耗了他们的体力。他们于 1911 年 11 月 1 日从"前进基地"出发，比阿蒙森晚了 10 天。他们的路线与阿蒙森不同，先是越过罗斯冰架，穿过比尔德莫尔冰川，然后爬上南极高原。这条冰川随着地形升高，坡度越来越陡，布满深不可测的裂缝。他们迎着从南极高原吹来的狂风，艰难地攀上南极高原。当他们历经千辛万苦到达南极点时，已经是 1912 年 1 月 17 日了，比阿蒙森探险队晚了一个月零 5 天。然而，当他们看到眼前的一切时，心情一下子跌入谷底，感到极度失望。斯科特在日记中这样记录他当时的心情："我们费了这么大的劲才来到这个可怕的地方，但我们在精神上却得不到任何安慰。我们已经不是第一个到达南极点的人了。这个能让我们成名的荣誉已经不属于我们了，我们只能默默地离开……我一生的幻想破灭了，再见吧！"

斯科特一行怀着沮丧的心情踏上了归途。然而，苦难并未结束。由于出发时间

英属南极领地发行《斯科特在南极点》邮票

较晚以及途中耽搁，严寒的季节很快来临，加上食品严重不足，斯科特和 4 名队员的身体越来越虚弱。在返回途中，斯科特摔伤了，另一名队员、海军上士埃文斯因严重冻伤于 2 月 17 日死去。虚弱的奥茨上校为了不拖累大家，在暴风雪中离开帐篷，从此不知下落。剩下的 3 名探险队员也未摆脱死亡的威胁。在距离"一吨仓库"仅 20 千米的地方，他们倒在了暴风雪中，再也没有起来。这是 1912 年 3 月 29 日。直到 1912 年 11 月，英国搜索队才在罗斯冰架上找到他们的帐篷和 3 具冻僵的尸体。在帐篷内，除了珍贵的斯科特日记外，还有 17 千克重的化石和岩石标本，这些是在他们极度虚弱的情况下仍被保存完好的科学资料，是他们以生命为代价留给人类的宝贵遗产。

虽然阿蒙森探险队率先到达南极点并胜利返回，但阿蒙森团队在途中杀死雪橇犬并食用其肉的行为曾引发争议，被认为这种方式赢得的胜利有些胜之不武。但不可否认的是，阿蒙森在探险的组织和准备上确实更为充分，他成功利用雪橇犬作为运输工具，而斯科特携带的西伯利亚矮种马和摩托雪橇均因不适应极地环境而失败。

1957 年，美国在南极点建立了科学考察站，将其命名为阿蒙森－斯科特南极点考察站，以纪念到达南极点的两位探险家——挪威的阿蒙森和英国的斯科特。

日本涉足南极

19 世纪末 20 世纪初，随着极地探险热潮兴起，日本的白濑矗也投身其中。他出生于秋田县由利郡金浦町，少年时就热爱冒险，成年后曾在陆军教导团服役，并在仙台镇台先后担任辎重兵伍长、曹长、下副官、少尉。1898 年，白濑矗从根室乘船出发，穿过白令海峡，在美国因纽特人地区登陆，捕获了大量海獭，带回日本后引起广泛关注。

白濑矗一直梦想着北极探险，但在 1908 年和 1909 年，美国探险家库克和皮尔里先后宣称到达北极点，让他深感失落。不过，他很快将目标转向了南极。他向日本国会申请拨款，虽然国会批准了费用，但政府最终拒绝拨款。于是，白濑矗召开了关于南极点探险的讲演会，向社会各界发出呼吁，并成立了后援会，得到了《朝日新闻》集团的支持。

白濑矗组织了一支南极探险队，向海军租借了"磐城"号，但该船状况不佳，修理费用高达 10 万日元。后援会提供了"第二报效丸"，这艘 204 吨的船只在南极探险期间被命名为"开南丸"。

1910 年 11 月 29 日，白濑矗率领一支由学者和两名北海道阿伊努人组成的探险队出发，携带 15 匹马和 29 只狗前往南极洲。这是当时唯一一支非白人探险队，也是亚洲国家的唯一一支国家探险队。然而在航行途中，大部分狗因寄生虫病死亡，探险队内部也出现了矛盾。1911 年 2 月 8 日，船只抵达新西兰惠灵顿，当地媒体对日本探险队进行了不友好的报道，引发了居民的好奇和误解。

在新西兰补充物资后，"开南丸"于 2 月 11 日继续向南极航行，但此时南极已进入冬季，浮冰增加了航行风险。3 月 10 日，船只抵达南极罗斯海，白濑矗不得不承认此次探险失败，并于 5 月 1 日返回澳大利亚悉尼港过冬。其间，探险队内部出现矛盾，部分队员先行回国，后援会也出现了财务纠纷。

在澳大利亚，白濑矗一行人受到了当地社会的歧视和误解。一些人甚至怀疑他们是间谍，当地媒体也对日本探险队进行了负面报道。不过，一位曾参加过沙克尔顿探险队的地理学家大卫教授站出来为日本探险队辩护，平息了部分争议。白濑矗还拜访了澳大利亚探险家和地质学家埃奇思·戴维教授，并出席了相关公众会议。

1911 年 11 月，"开南丸"再次起航，于 1912 年 1 月抵达南极罗斯冰障，并在鲸湾设立了基地。

1912 年 1 月 17 日，"前进"号上的挪威探险队发现了一艘新船，后来得知这是日本探险家白濑矗率领的南极探险队乘坐的"开南丸"。尽管双方语言不通，但挪威人推测日本探险队正前往爱德华七世地。1 月 26 日，"开南丸"成功登陆爱德华七世地，成为首支从海上登陆该地的探险队。此前的"发现"号（1902 年）、"猎人"号（1908 年）和"特雷诺瓦"号（1911 年）均未能成功。

当时，挪威探险家阿蒙森已经成功抵达南极点并返回（1911 年 12 月 14 日到达南极点，1912 年 1 月 25 日返回）。阿蒙森在采访中提到在鲸湾遇到"开南丸"，这让当时被认为失踪的白濑探险队的消息在日本成为突发新闻。

"开南丸"对罗斯湾周边进行了考察，并命名了开南湾、大隈湾和早稻田海等地名。白濑探险队向东勘测爱德华七世地，成为首个登陆该地的探险队。如今，这段海岸线以白濑矗的名字命名为白濑海岸，是南极大陆少数以东亚人命名的地点之一。探险队在鲸湾设立基地，进行气象观测。白濑矗带领 4 名队员，包括两名阿伊努族

1912年1月14日，日本南极
探险队捕猎海豹明信片

1912年3月9日，甲板上的
日本南极探险队员明信片

雪橇手，向南行进，希望创造日本的"最南点"。1912年1月28日，他们抵达南纬80° 5′，这是当时雪橇行进速度最快的纪录之一，主要得益于两名阿伊努族雪橇手的丰富经验。白濑矗在"最南点"埋下了一个刻有捐助者姓名的铜盒。

2月4日，"开南丸"离开南极，经新西兰惠灵顿返回日本。白濑矗和4名队员在新西兰下船，经澳大利亚悉尼提前返回日本，以便筹集队员们的工资和津贴。航海日志记录了白濑矗率领的探险队在太平洋和南极海域遭遇的狂风暴雨、暴风雪以及被流冰围困等艰难险阻。尽管如此，全体船员平安归来，堪称壮举。然而，由于传染病和恶劣海况，58只狗仅有6只存活，此事也造成阿伊努族队员山边安之助和花守信吉回到家乡后被部落法庭审判为有罪。

1912年6月20日，白濑矗搭乘"开南丸"抵达日本芝浦港，受到5万余名民

134

众的热烈欢迎。日本皇室成员接见了部分队员，并观看了记录南极探险历程的影片。当时的日本皇太子（即后来的大正天皇）先后两次颁发赏金，金额分别为500日元和2500日元。此外，南极探险展览在东京相扑竞技场举办，这一系列活动在日本社会掀起了一股"南极热"。

1913年，白濑矗撰写的《南极记》出版，记录了气象数据、动植物采集以及极地的营养和卫生状况。由于与白濑探险队的联系，阿蒙森的南北极探险经历在日本广为传播。1927年阿蒙森访问日本时，受到热烈欢迎，并与白濑矗会面。

回国后，白濑矗多次进行纪念演讲。1936年，东京科学博物馆（现日本国立科学博物馆）举办"南极的科学"展览，白濑矗受邀演讲。1938年，白濑矗因命名"大隈湾"和"开南湾"获得国家感谢状。然而，他的晚年生活并未因此得到改善。白濑矗在日本各地搬家，南极探险带回的物品也大多遗失。

1983年日本发行《南极考察船"白濑"号首航纪念》邮票小版张

1946年9月4日，白濑矗去世，享年85岁。他的遗孀和女儿用了大约20年时间，才还清他在南极探险中欠下的债务。1983年，日本新建的南极考察船以"白濑"命名，日本邮政也发行了纪念邮票。

日本的"白濑"号破冰船共有两代，第一代"白濑"号服役于1983—2008年，承担了日本南极科考队第25次至第49次（JARE25-49）的南极科学考察任务；第二代"白濑"号从2009年起服役，负责执行第50次（JARE50）及之后的日本南极科学考察任务。

1990年4月21日，位于秋田县由利郡金浦町的"白濑南极探险队纪念馆"正式落成。该纪念馆由著名建筑师黑川纪章设计，主体建筑呈圆锥形，象征着南极的冰山。

日本涉足南极

船猫悲歌

约翰·科伦笔下的南森

当人类进入农耕社会，有了充足的粮食后，鼠类也随之而来，它们不仅吃掉粮食，还大量繁殖，给人们带来诸多困扰。于是，猫作为捕鼠能手，逐渐成为人类的朋友。

随着航海时代的到来，船只成为鼠类的新据点。这些"不速之客"在船上消耗粮食和淡水，给船员们带来巨大麻烦。因此，猫被引入船上，成为"船猫"，肩负起捕捉老鼠的使命，同时也为船员们带来欢乐。

纵观航海探险史，无论是哥伦布、麦哲伦、达·伽马、德雷克，还是曾航行至南极圈的库克船长，乃至后来的南极探险家，都会在他们的船上为船猫留有一席之地。

在漫长的航上航行中，船猫不仅是捕鼠能手，更是船员们不可或缺的伙伴。这些灵巧的小家伙身怀各种绝技，让原本单调的航程充满生机。无论是博物学家、记者，还是船长、水手，都在航海日志中不吝笔墨地记载着它们的趣事和非凡表现。

1897年8月23日，比利时组织了一次南极考察，考察船"比利时"号从奥斯坦德出发。船上除了船员，还有两只船猫——"南森"和"斯韦德鲁普"，分别以著名北极探险家弗里乔夫·南森及其副手的名字命名。当时，年仅31岁的海军军官德·热尔拉什担任科考队的领导者，他希望通过这次探险为比利时和家族赢得荣誉。然而，他性格软弱，不善于处理突发事件，这为后续的困境埋下了隐患。

出发不久，"比利时"号就遭遇了法国比斯开湾的恶劣风暴，大部分船员晕船，船长勒库安特也不例外。8月31日，勒库安特因看到船猫斯韦德鲁普在甲板上排便，竟将其扔入海中，这种天气和海况，船猫斯韦德鲁普绝对无法存活。德·热尔拉什虽然被吓到，但未采取措施严肃纪律。

1898年2月底，"比利时"号继续向南航行，结果在3月5日被南极的寒冰困住，全体成员不得不在只有4套专为极寒天气设计的服装条件下开始了越冬生活。为了鼓舞士气，德·热尔拉什和勒库安特向船员们提供虚假的天文观测数据，让他们以为船在向北航行，而大副阿蒙森也成了他们的同伙。谎言被揭穿后，船上气氛愈发压抑，船员们陷入愤恨和悲观之中。

船猫南森是船员们唯一的欢乐源泉，它在甲板上清理毛发，蹭船员的腿，甚至在他们身边睡觉，深受喜爱。然而，随着极夜的到来，船猫南森的性情也发生了变化，它开始躲避人群，甚至发出怒吼。1898年6月26日，船医弗雷德里克·库克记录了船猫南森的死亡。这只母猫由挪威籍船舱服务生约翰·科伦带上船，虽然库克没有为它留下影像，但约翰·科伦为其画了一幅画，记录了它的形象。

阿蒙森离开"比利时"号后，回到挪威开始筹备自己的极地探险。1903年6月16日，他驾驶着70英尺（约21.34米）长，有着近30年船龄，集老、破、小于一身的"约阿"号从克里斯蒂安尼亚（后改名奥斯陆）的码头出发，踏上了打通西北航道的航程。1905年8月17日，"约阿"号成功穿过西北航道的最东点——科尔伯恩角，完成了人类全程航行西北航道的壮举。

此后，阿蒙森计划模仿南森的北极漂流，驾驶"前进"号从阿拉斯加前往北极点。然而，1908年4月21日，"比利时"号上的船医弗雷德里克·库克声称抵达了北极点，引发了关于北极点归属的争议。1909年4月6日，罗伯特·皮尔里也宣称

抵达了北极点，并获得了美国国会的支持。这两件事情最终使阿蒙森放弃了北极点漂流计划，转而将目标定为南极点。

阿蒙森在南极探险中使用了雪橇犬作为运输工具，但在粮食短缺时，他选择了杀狗充饥，并将这一行为详细记录在日记中，引发了诸多争议。此外，阿蒙森的探险队对船猫也毫不留情。在"前进"号上，为了控制鼠患，他们曾买了一只猫，但后来因故将其枪杀，导致鼠患再次猖獗。

1914 年 8 月，英国探险家欧内斯特·沙克尔顿计划横穿南极大陆，但命运并未眷顾他。1915 年 1 月，"坚忍"号被困在浮冰中，随后被冰层挤碎，沙克尔顿一行带着救生艇、抢救出来的部分装备，以及所有的雪橇犬在威德尔海浮冰间漂流、寻路，这种情况持续了 5 个月。

他们未能从斯科特南极探险队的悲剧中汲取教训，依然没有认识到雪橇犬在极地探险中的优势，反而将雪橇犬视为负担，最终将它们全部杀死，使得拖曳救生艇的重任落在了食不果腹的船员们身上。

船上的木匠哈里·迈克尼士有一只名为"奇皮夫人"的小猫。尽管哈里·迈克尼士苦苦哀求，并保证自己会照顾"奇皮夫人"，让小猫吃他的那份口粮，不会增加别人的负担，但沙克尔顿还是把"奇皮夫人"枪杀了。

当剩余的船员被智利普拉特船长的拖轮从象岛救出后，沙克尔顿张罗着颁发杰出贡献极地奖章，但是有 4 名船员却不在颁发之列，其中就包括哈里·迈克尼士。沙克尔顿的理由是，这 4 人在关键时刻违抗了船长的命令。而哈里·迈克尼士也是个有骨气的人，他早就放出话来不要什么奖章，再好的奖章也换不回"奇皮夫人"的生命，他永远不会原谅沙克尔顿的残忍行为！

哈里·迈克尼士于 1930 年在新西兰惠灵顿去世，新西兰政府为他举行了隆重的海军葬礼，并在墓地为"奇皮夫人"树立了雕像，以纪念它的陪伴。

2011 年，英属南乔治亚岛和南桑威奇群岛发行了一套 6 枚《南极考察中的宠物》邮票，其中面值 1.15 英镑的就是"奇皮夫人"，但是照片中的船员不是哈里·迈克尼士，而是偷渡上船的威尔士人皮尔斯·布莱克巴洛，他深得沙克尔顿的喜爱。

2011 年英属南乔治亚岛和南桑威奇群岛发行《南极考察中的宠物》邮票——《奇皮夫人》

位于新西兰惠灵顿 Karori 公墓的哈里·迈克尼士墓地和墓前的"奇皮夫人"雕像

　　1922 年 1 月 5 日凌晨，沙克尔顿在南乔治亚岛因心脏病发作猝然离世。按照沙克尔顿夫人的意愿，沙克尔顿被葬在岛上古利德维肯的捕鲸者墓地。

　　1974 年，英国颁布了《狂犬病（引进狗、猫及其他哺乳动物）1974 年令》，船猫的职业生涯就此结束。大多数船猫被带离船只，有的在码头消失，有的则跟随船员的家人在岸上重新定居。如今，在其他地区，船猫依然存在，但它们拥有自己的护照，定期接种疫苗，作为少数远洋船的成员继续在海上航行。

凡尔纳笔下的极地世界

2022 年，法属南方和南极领地发行 1 枚邮票小型张，以纪念法国科幻小说家儒勒·凡尔纳创作的《冰川上的斯芬克斯》面世 125 周年。

这部作品或许对许多中国凡尔纳粉丝而言稍显陌生，但这背后其实隐藏着一段耐人寻味的文学渊源。

作家埃德加·爱伦·坡（1809—1849）是美国 19 世纪极为重要的诗人、小说家和文学评论家。他自幼父母双亡，由爱伦夫妇领养。养母对其关怀备至，而养父却对他厌恶至极，爱伦·坡的童年生活颇为

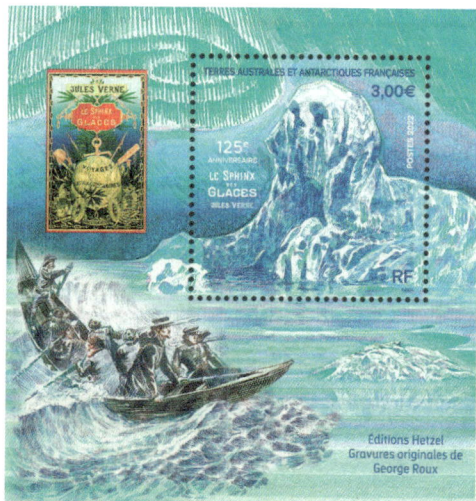

法属南方和南极领地发行《〈冰川上的斯芬克斯〉面世125 周年》邮票小型张

不顺，与幼妹自幼分离更成为他一生的痛。

爱伦·坡自幼天资聪颖，才华毕露，尤其对文学情有独钟，在同辈中脱颖而出。在求学阶段，他先后就读于弗吉尼亚大学、西点军校，但是因为个性放荡不羁、行事特立独行、屡次违反校规而被退学。

27 岁时，爱伦·坡与表妹维琴尼亚结为夫妻。这段婚姻时期，也是他诸多不朽名篇产出的时期。然而命运多舛，尽管爱伦·坡在费城、纽约等大都市担任文学编辑，但始终未能摆脱经济困境。当妻子因病无钱医治离世后，爱伦·坡陷入了巨大的悲痛中，精神憔悴，常借酒消愁，最终在年仅 40 岁时走完了苦闷孤寂的一生。

1838 年 7 月，爱伦·坡的中篇科幻小说《楠塔基特的亚瑟·戈登·皮姆历险记》在纽约出版。这部科幻小说以自传体的叙事笔法，描写了楠塔基特少年亚瑟·戈登·皮姆的故事。

皮姆迷恋出海冒险，总是希望周游世界。然而，母亲和祖父都极力反对，这让他非常苦恼。

在 6 月的一天，皮姆在好友的帮助下，偷偷溜上了一艘即将出海的捕鲸船。好友把他藏在船舱里，并为他准备了食物和水，计划等船驶出港口不久，就带皮姆去见船长，让船长同意留下皮姆当水手。可是，船已经离开港口几天了，好友却没有出现，食物和水也在一点点减少，皮姆非常焦急。就在这时，一只名叫"老虎"的狗出现了。这是皮姆之前救下的小狗，7 年来与他形影不离，3 年前还救过皮姆的命。起初，皮姆以为"老虎"是一路跟踪他上了船，后来才得知是好友把"老虎"接到船上的。

好友终于出现了，原来在皮姆作为偷渡客躲在货舱时，船上爆发了由大副组织的叛乱。许多船员遇害，船长被叛乱者放逐到舢板上，生死未卜。好友被叛乱者关在了船舱里。令叛乱者不知道的是，关押好友的船舱中有暗道可以通到货舱，于是，好友带着食物和水前来寻找皮姆，使皮姆知道船上发生的一切和自己目前的处境。

叛乱者因下一步计划产生分歧，进而内讧、自相残杀。皮姆和好友，连同几个幸存的水手，趁海上风急浪大之际，向叛乱者发起反攻。"老虎"也在此时挺

身而出，一口咬死最后一名叛乱者，协助他们取得了胜利。

然而，在风暴肆虐下，他们的船严重受损，开始进水，船上的食物和淡水也所剩无几，幸存的四人不得不将自己用锁链固定在甲板的主桅杆上。随着船上资源逐渐耗尽，他们只能靠接雨水解渴，甚至不得不靠食用同伴的遗体充饥。在绝望中，他们完全失去了生的希望，每个人都出现了幻觉，以为自己即将丧命于此。

在海上漂流了一个多月后，他们终于被英国的"简·盖伊"号救起。随着这艘船，皮姆又开启了一段情节曲折的海上冒险生活。根据皮姆的叙述，"简·盖伊"号时而航行在南印度洋温暖的海域，时而穿梭在南大西洋特里斯坦这个世界上最孤独的岛屿附近，那里只有刺骨的寒风与之相伴。最终，"简·盖伊"号抵达了南极洲——这片百年来航海者梦寐以求的南方大陆。

皮姆和"简·盖伊"号上的船员共同目睹了一个新奇的世界。在这片土地上，飞禽走兽种类繁多，四季变化独特，部分区域气温最高可达 47°C，水温最高能达到 34°C。在深林与高峰之中，潜藏着南极熊等凶猛的野兽，同时还有对入侵者充满敌意的土著部落。在这里，每向前一步都充满了危险，令人胆战心惊，生命随时可能受到威胁。

最终，所有船员被土著部落引入南极洲的一处峡谷。这片区域是火山和地热活动频繁的地方，喷发的熔岩炸毁了"简·盖伊"号。部分船员被坠落的熔岩碎石砸死，另一些则被土著杀害，只有少数几个人侥幸逃脱，他们乘坐木筏来到南纬 84°的高纬度地区。

在书的结尾，提及皮姆突然离世，还留下了许多神秘的密码，仿佛在等待着人们去破译。

《楠塔基特的亚瑟·戈登·皮姆历险记》深受法国科幻小说家儒勒·凡尔纳的喜爱。1863 年，凡尔纳曾表示，这部小说仿佛未完成，他期望未来有作家能为其创作续集。32 年后的 1895 年，凡尔纳亲自动笔，创作了续集。在续集中，他塑造了一位名叫热奥尔林的美国博物学家。当时，热奥尔林身处南印度洋的盖尔格兰群岛，正等待过往船只将他带回美国。历经一番波折，他终于登上了名为"哈勒布莱纳"号的双桅纵帆船。

儒勒·凡尔纳

在"哈勒布莱纳"号上，船长盖·兰与热奥尔林的交谈中提到了美国作家埃德加·爱伦·坡的探险小说《楠塔基特的亚瑟·戈登·皮姆历险记》。此时，距离皮姆和"简·盖伊"号遇险已过去 11 年。

"哈勒布莱纳"号船长盖·兰，是"简·盖伊"号船长威廉姆·盖的兄长，此行是为了寻找他的弟弟。热奥尔林对小说所叙情节真实性持怀疑态度，认定其为虚构，并揣测盖·兰因丧弟之痛而有些神志不清。

航程中，一块浮冰载着"简·盖伊"号船员的遗体，这一幕映入热奥尔林眼帘，引起他极大关注。他决意随"哈勒布莱纳"号横穿南极以揭开谜底。

"哈勒布莱纳"号历经艰辛，终于穿越了极圈。不料，冰山翻覆之际，船被甩出海面，搁浅于距海面一百多英尺高的冰山之巅。冰山载着他们，在薄雾中缓缓漂流。当众人乘坐小艇离开南极时，眼前赫然出现一座斯芬克斯塑像。令人震惊的是，在那里，他们竟寻得已故多年的亚瑟·戈登·皮姆，以及一丝尚存的船长。

儒勒·凡尔纳巧妙地将埃德加·爱伦·坡的原著与自己的作品融合在一起，并在故事结尾，将亚瑟·戈登·皮姆安置在南极冰原上一尊巨大的斯芬克斯雕像上。这尊雕像是一座威力无比的天然磁石山，能够把周围几十公里内的铁器全部吸引过来。这种设定源于当时刚刚发现不久的极地磁极概念。这本名为《冰川上的斯芬克斯》的小说于 1897 年 6 月出版。尽管凡尔纳认为自己的作品比爱伦·坡的小说更贴近现实、更有趣味，但读者并不买账，仅售出 6000 本。

对于中国的凡尔纳迷而言，这部小说过于陌生，甚至闻所未闻。直到 1991 年才有中译本面世，并更名为《冰上怪兽》，之后又译为《南极的斯芬克斯》。

无论是爱伦·坡的《楠塔基特的亚瑟·戈登·皮姆历险记》，还是凡尔纳的《冰川上的斯芬克斯》，其中描绘的南极洲环境都与现实大相径庭。在两位作家笔下，南极洲呈现出热带风光，气温高达 47° C，森林茂密，飞禽走兽众多，甚至有南极熊等猛兽出没。而且南极洲内陆，尤其是高纬度地区，到处是不冻河、不冻海，水温达到 34° C，还有众多原住民生活在南极洲的各个区域。

《冰上怪兽》　　　　　《南极的斯芬克斯》

2020 年 4 月 1 日，英国帝国理工大学的研究团队在国际顶尖期刊《自然》上发表了一篇题为 "Temperate rainforests near the South Pole during peak Cretaceous warmth" 的论文。研究人员在距南极点约 900 千米的地区发现了一批珍贵的白垩纪土壤样本。通过 CT 扫描分析发现，棕褐色的沉积物由细粒粉砂岩和黏土组成，其中含有密集的花粉、孢子、植物化石根系等，种类高达 65 种，包括针叶树、蕨类植物和开花植物等，甚至还清晰可见单个细胞结构，遗憾的是未发现动物遗体。这些证据表明，约 9000 万年前南极洲曾存在繁茂的温带雨林。分析结果显示，当时南极大陆气候温暖，白天的平均气温约 12℃，夏季平均气温可达 19℃ 左右，河流和湖泊的年平均水温约为 20℃，而且南极洲不存在冰盖。研究推测，该森林形成于约 9200 万年至 8300 万年前。

2011—2013 年，研究人员在南极西摩岛发现了首个现存蛙类化石。经分析，这些蛙类化石样本约有 4000 万年历史，属于智利蟾科，也被称为"头盔蛙"。这是人类首次在南极地区发现属于现存科的冷血两栖动物或爬行动物的化石，表明南极地区曾经拥有暖温带气温。

儒勒·凡尔纳于 1828 年 2 月 8 日出生在法国南特。他所处的时代科学技术飞速发展，航运业日益发达，交通运输工具不断进步，各种探险活动层出不穷，人类对南北两极的探险成为热点，也成为儒勒·凡尔纳作品的重要内容。

1863 年 9 月，儒勒·凡尔纳在巴黎创作一本新小说，讲述一支英国探险队在北极地区的探险故事。小说分为"在北极的英国人"和"冰原"两部分。在"在北极的英国人"中，多位极地探险家认为，没有哪本书比凡尔纳对船上生活、经历的困苦和北冰洋奇迹的描写更逼真。

1863 年年底至 1864 年年初，凡尔纳结识了地理学家理查士·塞恩特－克莱尔·德维尔。通过与他的交谈，凡尔纳构思出一部关于地心旅行的小说。小说中，丹麦教授莱德布洛克和他的侄儿阿克赛尔从哥本哈根到冰岛旅行，这部分内容基于凡尔纳的游历回忆。莱德布洛克在冰岛古文献中发现了一份 16 世纪冰岛炼金术士萨克努姆用密码书写的手稿，侄儿阿克赛尔将其破译。于是，他们开启了奇特的《地心游记》。

《哈特拉斯船长历险记》成书于1866—1867年，以一支从利物浦起航的神秘探险队为开端，当船开始海上航行后，读者才得知船长是著名探险家哈特拉斯，目的地是北极。哈特拉斯船长对北极地区有着近乎狂热的探险欲望，前往北极意味着不归之途，因此没有水手愿意与这样的船长签订雇约，船长和目的地必须保密。这部小说的背景和内容源于英国的北极探险，尤其是失踪的富兰克林探险队。1845年，富兰克林探险队在寻找西北航道时失去踪迹，使得全世界的目光都聚焦在加拿大北部那些荒凉的地区。经过多支探险队10年的搜寻，1855年发现了富兰克林探险队队员的遗骸。《哈特拉斯船长历险记》以悲剧收场——哈特拉斯船长及其船员历经艰险到达北极，哈特拉斯登上通入地球内部的火山，与《地心游记》内容产生关联。虽险些丧命，但最终获救，然而哈特拉斯丧失理智，被关入利物浦一家精神病院。在那里，哈特拉斯船长像被鬼魂迷惑一般，每天向着北方，迈着同样的步伐行走。

《哈特拉斯船长历险记》

截至1869年，至少有25艘载人潜艇建成并成功潜航，法国在这一领域发挥主导作用，并在下半个世纪建造实用潜艇方面一直走在世界前列。在这样的背景下，《海底两万里》出版。在这本小说中，凡尔纳塑造了尼摩船长这一形象，他带领读者乘坐超级潜水艇"鹦鹉螺"号，开启环绕世界的海底旅行。凡尔纳描绘了海底丛林、珊瑚王国和无尽的水下宝藏，尼摩船长从中获取生活必需品，并从海底沉船中搜集大量金银财宝。凡尔纳在小说中充分展现想象和幻想，大胆融入科学技术。在这趟海底之旅中，凡尔纳让潜艇前往南极地区，从南极冰层下通过南极点。当时有一种观点认为南极存在"不冻海"。有趣的是，1955年，世界上第一艘核潜艇——美国海军的"鹦鹉螺"号从北极冰层下潜行，并从北极点浮出洋面，实现了凡尔纳和尼摩船长的梦想。

1955 年法国发行《纪念儒勒·凡尔纳逝世 50 周年》邮票

1955 年法国发行《纪念儒勒·凡尔纳逝世 50 周年》邮票首日封

　　1870 年普法战争期间，凡尔纳创作了小说《裘乡记》，以 1859 年加拿大境内荒凉的北冰洋海岸为背景，描写哈德逊海湾公司计划建立贸易站，却意外建在大冰盖上。冰盖瓦解后，贸易站落在一座逐渐缩小的冰山上，被带往南方，经过白令海峡，最终在太平洋中消融。这部小说堪称预言性质的作品，1987 年在中国出版时被译为《漂逝的半岛》。凡尔纳笔下漂浮的浮冰岛屿在 20 世纪 50 年代成了苏联－俄罗斯和美国的浮冰漂流站。

　　凡尔纳的另一部有关极地的小说《北冰洋的幻想》有中译本，但在其创作年谱中未找到确切的创作时间。小说讲述了美国政府向全球拍卖北极地区领土，《从地球到月球》里的主人公、巴尔的摩大炮俱乐部主任巴比康最终成交。他们试图通过向太空发射炮弹使地球轴线发生变化，改变围绕太阳的旋转规律，以开发北极丰富的冰下资源，但未成功。

　　凡尔纳于 1905 年 3 月 25 日去世，享年 77 岁。他最后一部关于极地的小说《金火山》于 1906 年出版，以美国阿拉斯加和加拿大育空地区的北极淘金热为背景。

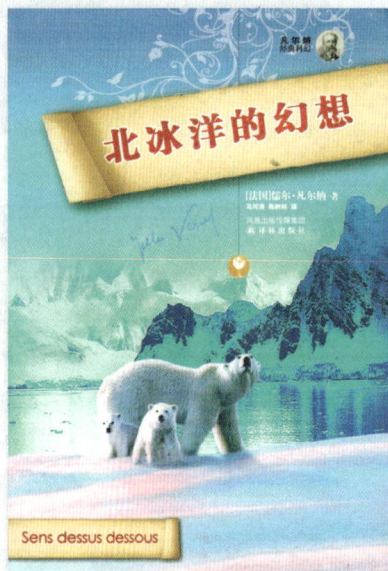

《北冰洋的幻想》

2022 年法国发行《纪念儒勒·凡尔纳》特别珍藏邮票小型张

儒勒·凡尔纳纪念碑

两个堂兄弟在前往育空河途中遭遇洪水，继承叔叔遗产的希望破灭，但一个垂死之人告诉了他们金火山的故事。兄弟俩在寻找传说中的金火山途中历经艰辛，挫败了恶棍亨特的阴谋。找到火山时，火山喷发，大量金块如雨点般落下，有的落入海中，恶棍亨特被黄金雨砸死。小说前 14 章由凡尔纳撰写，后 4 章由其子米歇尔补写。尽管小说以引人注目的阿拉斯加淘金狂潮为背景，但出版后未受读者关注，百年后在中国却有多家出版社争相出版。

海洋守护神——库斯托船长

"对于蜜蜂和海豚来说，活着就是幸福；对于人类，幸福就是要使生命变得更美好。" 这是法国海洋探险家雅克－伊夫·库斯托生前的一句名言。

雅克－伊夫·库斯托于 1910 年 6 月出生于法国西南部的吉伦特省。17 岁时，因厌倦公立学校枯燥的生活，库斯托在打碎学校第 7 块玻璃后被校方开除。此后，他进入法国海军军官学校学习飞行，但一场几乎致命的车祸彻底摧毁了他飞上蓝天的梦想。因此，他转而进入海军部学习，并为了恢复车祸中受伤的手臂，开始学习游泳。经过长期而痛苦的康复训练，游泳帮助他恢复了体力。尽管他的两只胳膊最终都恢复了健康，但右胳膊仍有些许弯曲，成为他终生的遗憾。但与此同时，库斯托未来生命的路线也随之确立。

1936 年年底，库斯托被海军部安排到地中海沿岸的土伦基地，担任炮兵指导员。1937 年，他与西蒙·梅尔邱相识并结婚。这场婚姻一直美满，而西蒙作为一名技术高超的潜水者，陪伴库斯托经历了几乎所有的海下探险，直到 1990 年去世。在西蒙的影响下，库斯托逐渐对潜水产生了浓厚的兴趣。当时，他已能潜到 60 英尺（约

1982 年柬埔寨发行《雅克－伊夫·库斯托船长》邮票

2000 年法国发行《著名环保人士雅克－伊夫·库斯托》邮票

18.29 米）的深度，但他更想知道如何延长人类在水下的停留时间。以往的潜水者曾尝试使用装满浓缩氧气的罐子，但氧气在一定深度下会变成毒气。尽管库斯托深知氧气的这种"双面性"，但他还是用了一个防毒面具、软管和一个氧气瓶进入水中进行实验，然而，4 分钟后他便感到不适。经过改装设备后再次尝试，结果依然如此。这次实验让他确信，浓缩空气是比纯氧气更好的选择。

1939 年，法国和英国对德国宣战，库斯托的研发工作被迫中断。他成为法国海军巡洋舰上的一名炮击官员。一次，舰艇的推进器和机械轴被铁索缠绕，库斯托和其他 5 名志愿者潜入水下，成功解开了绳索。这种任务虽然光荣，但极其疲惫。库斯托意识到，必须加快研发水下呼吸装置的进程。

1942 年 12 月，库斯托结识了工程师埃米尔·加尼安。加尼安有一种能够自行调节的阀门，这一发明为库斯托的水下呼吸器研发带来了突破性进展。两人合作对阀门进行了调整，并在巴黎郊外的马恩河上，用一罐压缩空气进行了实验。就这样，水下呼吸器诞生了。这个设备重达 22.7 千克，但在水下却并不显得沉重，潜水者

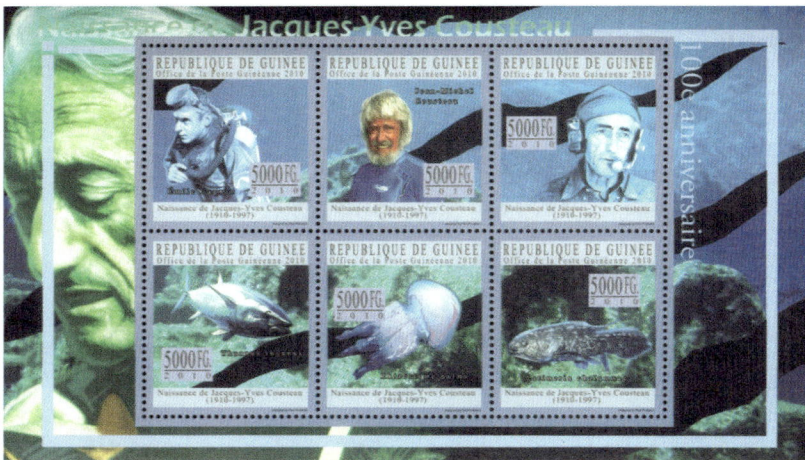

2010 年几内亚发行《雅克－伊夫·库斯托诞辰百年》邮票小全张

2010 年几内亚发行《雅克－伊夫·库斯托诞辰百年》邮票小型张

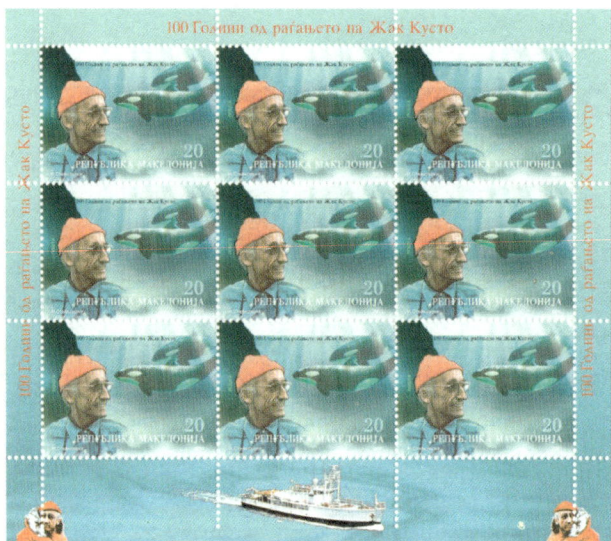

2010 年马其顿发行《纪念雅克－伊夫·库斯托诞辰百年》邮票小版张

可以背着它自由移动。库斯托带着自己的发明进行了数百次潜水，水下那令人惊叹的美丽景色让他欣喜若狂。他决定将这种美景分享给更多人，于是他在摄影机外安装了防水容器，连接了相机胶片，并用晾衣绳来调整镜头。1943 年，库斯托的第一部水下电影《18 米之下》在戛纳电影节上获得好评。

通过发明水下呼吸器，库斯托将海洋的奇妙景象搬到了荧幕上，激发了大众对海洋的兴趣。他对水下世界的持续热情和好奇心促使他渴望拥有一艘属于自己的船只。尽管我们无法确切知道他是如何做到的，但库斯托最终说服了一位英国慈善家为他的潜水探险提供资金支持。他购买了一艘扫雷艇，并倾尽所有将其改造成一艘海洋研究船——"卡里普索"号。1951 年 11 月 24 日，时任法国海洋科学考察队领队兼"卡里普索"号船长的库斯托，带领地质学家、水文学家和生物学家开始了红海之旅。在这次航行中，他们游览了众多珊瑚礁和岛屿，发现了海底火山盆地，鉴别了珍稀动植物，收集了大量物种标本，并绘制了深度达 5030 米的深海图，创造了新的纪录。同时，库斯托的摄影机也记录下水下世界的奇幻与美丽，他的电影

2015 年中非发行《纪念雅克 - 伊夫 · 库斯托诞辰 105 周年》异形邮票小全张（限量版）

2015 年中非发行《纪念雅克 - 伊夫 · 库斯托诞辰 105 周年》异形邮票小型张（限量版）

让对海洋知之甚少的大众感到惊叹不已。

1956 年，库斯托的第一部深海题材长篇纪录片《沉默的世界》在夏纳电影节上引起轰动，评委一致通过，首次将金棕榈奖授予一部纪录片。这部电影具有划时代的意义，更重要的是，它震撼了全球最大的非营利性科学和教育组织——美国国家地理学会，从而为库斯托的持续探险提供了资金支持。

1957 年，库斯托任摩纳哥海洋博物馆馆长。1961 年 4 月 19 日，美国总统肯尼迪在白宫亲自为他颁发了美国国家地理学会的哈伯德金质奖章，表彰他在海洋探索领域的杰出贡献。

库斯托对深海的迷恋促使他探索人类能否在海底生存。1962 年，他在地中海马赛附近约 12 米深的海底建造了一个名为"大陆架"的移动房屋。两名潜水员在此居住，每天检测海水并接待游客。一周后，他们证明了人类在海底生活，生理上不会受到任何负面影响。1963 年，"大陆架二号"被放置在苏丹港东北部的红海中，包含两个房间：10 米深的"海星房"和 30 米深的"深度舱"。5 名潜水员在"海星房"中生活了 4 周，而两名潜水员在"深度舱"中待了一周。库斯托坚信富含氦气的空气能让人类潜得更深，因此他在"深度舱"中填充了氦气和空气的混合气体，潜水员成功潜到了 110 米深。库斯托将"大陆架二号"的生活点滴拍摄成电影《没有阳光的世界》，该片在 1964 年获得奥斯卡最佳纪录片奖。

《沉默的世界》让库斯托声名鹊起，而《没有阳光的世界》则让他家喻户晓。20 世纪六七十年代，正值壮年的库斯托拍摄了 60 多部影片，美国各大广播影视公司纷纷购买播映权。无数观众第一次看到美丽而神秘的深海世界，纷纷被这位在蓝色海洋中耕耘的"老顽童"所吸引。人们亲切地称他为"库斯托船长"，而不用他众多的正式头衔。

1985 年，库斯托进行了一次"重新发现世界"的远航，却发现海洋污染严重，20 世纪 50 年代的清澈海洋风光已不复存在，而这一切的根源正是人类自身。于是，75 岁的库斯托开始投身于环保事业，利用他的声誉和与各国领导人的良好关系，在全球奔走呼吁。他与科学家们联合起草了《为了后代宣言》，征集到 500 万人签名，并将其提交给联合国，要求将其内容纳入联合国宪章。他还向联合国教科文组织建议成立一支保卫环境的"绿盔部队"。尽管这些建议尚未完全实现，但库斯托让全世界听到了他充满忧患的呼吁，让人们意识到保护环境的紧迫性。他坚信："未来深海探险的主要目的将不仅仅是开发资源，而是通过科学家、诗人、画家、作家和哲学家们的共同努力，向大众诠释海底未知而神秘的世界。"

库斯托亲自与多国首脑交涉，并于 1986 年为国际捕鲸委员会通过禁止商业捕鲸的禁令争取了必要的支持，这一禁令至今仍在生效，尽管仍有部分国家以科学研究为名进行捕鲸活动。

20 世纪 80 年代中期，库斯托到访南极洲，这片纯净的大陆让他感受到一个没有污染的世界是多么美好。他萌生了保护"白色大陆"的想法，并多次在联合国讲坛上呼吁。1991 年，南极洲条约协商国决定在今后 50 年内禁止在南极洲进行一切商业性矿产资源开发活动，这一决定正是基于库斯托的建议。他为此感到自豪，并在去世前不久表示："我的一生有许多成就，但没有一项比保护南极洲更有意义。"1992 年，库斯托受邀参加了在里约热内卢举行的首届联合国环境与发展大

La commémoration des 20 ans de la disparition de **Jacques-Yves Cousteau**

2017 年多哥发行《纪念雅克－伊夫·库斯托逝世 20 周年》邮票小型张

会，当时的联合国秘书长加利用热情洋溢的语言向与会者介绍他："他是我的英雄，他比许多领袖更有远见，他就是我们的库斯托船长！"

库斯托是一位传奇人物，他的一生与蔚蓝色的大海紧密相连。在半个多世纪的海上生涯中，他推动了海洋探险、海洋电影和海洋保护等多项事业的发展，取得了举世瞩目的成就，成为深受公众爱戴的人物。在法国，他始终高居"最受欢迎的法国人物榜"榜首；在欧美，他享有与戴高乐将军同等的世界性声誉。

1997 年 6 月 15 日，库斯托因呼吸系统疾病去世，享年 87 岁。

2010 年 6 月 11 日是雅克－伊夫·库斯托诞辰 100 周年纪念日。为纪念这位伟大的海洋探险家，美国《国家地理》杂志组织了一次特别的考察活动。考察队驾驶着库斯托的第二艘研究船"Alcyone"号，沿着当年库斯托的航线旧地重游。此次考察的目的是将库斯托当年在水下的发现与最新的资料进行对比，以了解海洋环境的变化。

库斯托撰写的《静静的世界》中文版封面

考察船从法国马赛出发，穿越波尔托湾北侧的斯坎朵拉科西嘉海洋自然保护区，随后抵达西班牙布拉瓦海岸的梅德斯群岛。自 1990 年起，梅德斯群岛周围区域已成为海洋保护区，并受到严格保护。考察的终点是卡布雷拉列岛，该列岛因其在科学和生态方面的重要意义，被列为海洋保护区和国家公园。

除研究人员、摄制组外，船上还有一位特殊的乘客——派特里斯·奎斯内尔。他曾是库斯托多年的助手，也是"Alcyone"号的现任船长。这艘船是 20 世纪 80 年代初设计建造的转筒船，结合了帆船和引擎动力船的特点。1985 年，"Alcyone"号完成了她的处女航。过去 10 年间，奎斯内尔一直代表库斯托协会管理这艘独特的船只，并负责"卡利普索"号的修复工作。

美国《国家地理》杂志开展此次考察活动，旨在通过重访库斯托曾经探索过的海域，向世人展示海洋环境的变化，并让库斯托的海洋遗产重新焕发生机。

"海功"号首航南极照片

创造中国最早南极航迹的 "海功" 号

　　根据中国台湾省 1976 年渔业年报统计，当时全省共有 200 ~ 1000 吨级远洋渔船 547 艘，但因各国纷纷宣布 200 海里（370.40 千米）专属经济水域，严重限制了台湾省远洋渔船的捕捞范围，加上海洋污染问题，台湾省的远洋捕捞业受到冲击。在这种情况下，台湾省水产实验所将目光投向南极海域的磷虾资源。

　　南极磷虾是一种甲壳类浮游动物，体长 3 ~ 5 厘米，蕴藏量惊人，约 4 亿 ~ 6 亿吨，甚至有说法称有 50 亿吨。磷虾富含维生素 A、氨基酸、不饱和脂肪酸和矿物质，营养价值极高，且在南极食物链中地位重要，是海豹、鲸和企鹅的食物，也是重要的海洋生物资源。南极磷虾喜群居、易捕捞且具有巨大的经济价值，被视为未来重要的动物性蛋白来源。不过，捕捞南极磷虾在当时尚属于新兴领域，渔具、捕捞方法、加工技术以及市场需求等方面都处于探索阶段。

　　在这种背景下，台湾省水产实验所决定开展南极磷虾的试验性捕捞工作。为了支持这一项目，台湾省投入了大量资源。1974 年 11 月，一艘集捕捞和研究功能于一体的渔业研究船在高雄丰国造船公司开始建造。1975 年 7 月 12 日，该船在高雄

市旗津区举行了下水典礼，并被命名为"海功"号。"海功"号总吨位为 711.5 吨，主机功率 1640 千瓦，最大航速 13.5 节。船体全长 56.6 米，宽 9.1 米，深 5.6 米，鱼舱容量为 350 立方米，并且具备每日自制 3 吨淡水的能力。船壳采用耐寒特质钢板，配备双层甲板结构，以适应南极海域的恶劣环境。

"海功"号在下水后，于 1975 年 12 月 24 日前往东海进行首航试验作业。船上装备了先进的测定仪器，用于测试船体性能以及渔具在水中的阻力等情况。试验结果显示，"海功"号的性能非常优异，为后续的南极磷虾捕捞和研究工作奠定了坚实基础。

1976 年 4 月 26 日，"海功"号从台湾省基隆港八斗子渔港出发，开启了首次南太平洋高纬度区域的试验性航行。在这次为期 101 天的航程中，"海功"号先后穿越了巴士海峡的汹涌巨浪，经历了赤道无风带的酷热天气，以及南纬 43°~48° 西风带的强烈风暴，最终于 8 月 4 日顺利完成试验任务，安全返回。

1976 年 12 月 2 日上午 10 时 20 分，"海功"号再次从基隆港起航，踏上了前往南极的首次科考之旅。船上除了船长陈长江和 24 名船员外，还搭载了 10 位渔业资源专家和研究人员。

南极磷虾明信片

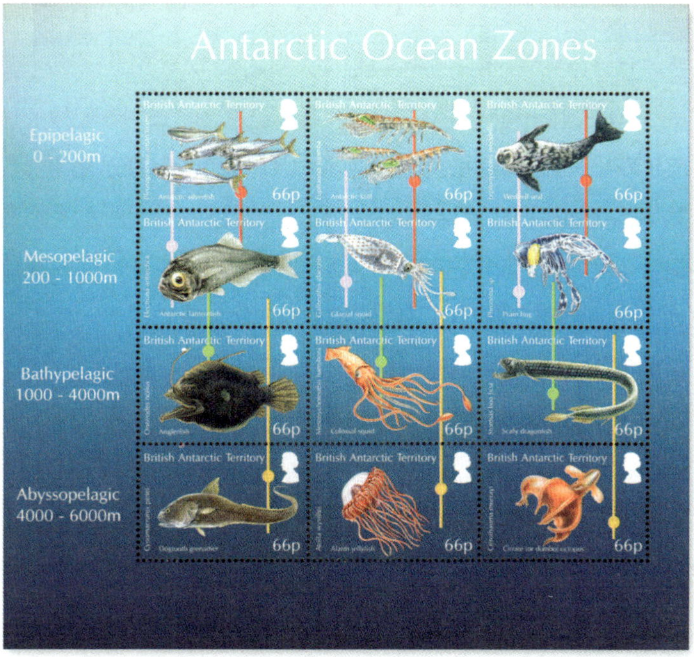

Antarctic Ocean Zones

英属南极领地发行《南极海洋区域生物垂直分布》邮票小全张，可以看到南极磷虾位于0～200米深度的区域

Antarctic Marine Food Web

英属南极领地发行《南极海洋生物食物网》邮票小全张，可以看到磷虾位于食物网的核心位置

"海功"号依次经过巴士海峡和马六甲海峡，穿越印度洋，于 28 日抵达南非开普敦港进行物资补给，并接应相关人员上船。

1977 年 1 月 5 日，"海功"号离开南非，在南非船只的护航下航行数天后，独自在南大洋开展作业，历经 44 天，于 1 月 14 日抵达南极恩得比地（65°S），开展了包括南极磷虾捕捞、生态研究、捕捞技术及处理方法探索、海洋与气象资料收集以及渔场开发等多方面的研究工作。

一名随行记者回忆，航行期间，多数船员和研究人员都出现了晕船反应，而 3 名随行采访的记者则状态良好，能够照常工作，积极在船上各处采访。"海功"号在航行途中多次遭遇机器故障，导致船只在海上停滞，所幸当时海面风平浪静，未造成严重后果。由于船上电报设备性能不佳，3 名记者只能借助大西洋上作业的渔船，以电报方式将报道内容传回台湾省。船长对记者们提出要求，每天只能发送 50 字的新闻稿。该记者还提到，在捕捞南极磷虾的过程中，他观察到日本的捕虾船一次捕捞就能收获 30 吨，而"海功"号此行主要是进行科研，只需捕捞 3 吨的磷虾样本。

退役后的"海功"号

1977 年 2 月 7 日，"海功"号在接近南极圈的 65° 47′ 8″ S，58° 2′ E 的海域完成任务后开始返航，于 2 月 17 日抵达南非开普敦进行补给，随后在 2 月 23 日踏上归途。1977 年 3 月 26 日 14 时，"海功"号结束了长达 114 天、总航程 2 万海里（37040 千米）的航行，携带着 136 吨南极磷虾样本，安全返回基隆港，并受到各界的热烈欢迎。"海功"号成为中国第一艘到达南极地区的船只。

　　1978 年 12 月 17 日，"海功"号在相关人员带领下开启了第二次南极之旅，船上载有 8 人组成的渔业科学研究队。此次行动旨在调查东南极大陆乔治五世地附近海域的磷虾渔场以及新西兰东南海域的坎贝尔深海渔场。1979 年 4 月 5 日，全体人员在完成 120 天的航程后安全返回基隆港。

　　1981 年 11 月 19 日，"海功"号踏上第三次南极征程。由 8 位渔业科学专家和航海人员组成的团队，首先在新西兰以东海域展开鱿鱼渔场调查，随后穿越西风带，抵达乔治五世地外海的巴罗尼群岛进行磷虾捕捞及相关科研工作。此次航行还到达了 67° S 附近的罗斯海域，创造了中国历史上深入南极圈且航行最南纬度的纪录，于 1982 年 4 月 23 日安全返航，全程历时 156 天。

　　1984 年 11 月 7 日，"海功"号进行第四次南极航行。考察队由 4 位渔业科学专家和航海人员组成，先在澳大利亚东岸调查渔场，之后前往南极乔治五世地开展磷虾捕捞和渔业科学研究。1985 年 4 月 5 日返回基隆，此次任务为期 150 天。

　　1994 年 8 月，"海功"号在服役 18 年后正式退役，并被安置在基隆碧砂渔港。2010 年 6 月，为纪念其贡献，台湾省举办了世界海洋日"海功号 30 年礼赞"活动。

　　"海功"号科考船承载了中华民族最早的南极梦想，航出了自郑和船队以来中国人最南的纬度！

创造中国最早南极航迹的"海功"号

乘坐"雪龙"号漂南极

"南大洋"并非地图上标注的正式地名，而是指环绕南极洲的太平洋、印度洋和大西洋南端的海域。这一区域在一些书中常被称为"南冰洋"，与北极的北冰洋遥相呼应。

我乘坐的"雪龙"号从上海出发，在太平洋和印度洋上连续航行了一个多月，终于抵达南极。这也意味着我即将离开生活已久的长城站，前往3000多千米外的中山站。

为了与南极多变的天气赛跑，我们仅用3天时间就完成了两年所需的食品、油料的卸载工作，同时将站内两年来积累的垃圾和废油桶装船，准备运回国内处理，以保护南极的环境。第四天的凌晨，在队友的送别声中，我带着对未来的期待和一丝不舍，登上"雪龙"号，开始了在南大洋上的漂泊生活。

"雪龙"号由乌克兰赫尔松造船厂于1993年3月25日建造完成，船体长167米，若竖立起来，相当于一栋50层的高楼；船宽22.6米，最大宽度22.95米，设计排水量为17652.5吨，最大排水量可超过2万吨。在抗冰船中，"雪龙"号属于最高等级，而在破冰船中则是最低等级，其设计破冰厚度为1.1米。船体采用

特殊钢板建造，能够承受 −40°C 的严寒。船尾设有直升机起降平台，面积比一个标准篮球场还大，直升机库可容纳两架直 −9 型直升机。这样庞大的船舶，其动力来源是一台 13200kW 的主机，输出功率相当于 180 多辆普通桑塔纳轿车的总和。

我在 2000 年登上的"雪龙"号分为新、老两个区域。老区是购买时就已存在的部分，而新区是在购买后不久扩建的。除容纳 40 名船员外，该船还能运载 90 名科考人员。

截至 2007 年，"雪龙"号已经服役了 14 年。尽管仍然处于壮年期，但由于极地恶劣的自然环境和长期的高负荷运转，加之经费紧张，未能进行及时有效的维护，"雪龙"号不仅在技术上逐渐落后于发达国家的极地考察船，还出现了一些影响航行安全的问题。

为了提升性能和安全性，"雪龙"号经历了第二次改造。改造后，船舶的外形有所变化，航行安全性、大洋调查能力和实验室设施都得到了显著提升。船内安装了先进的自动化航行设备，实现了单人驾驶功能。同时，船舯部和船艉部的大洋调查设备也进行了全面更新。实验室面积从原来的 200 多平方米扩展到 722 平方米。

此外，船内的生活设施也得到了全面更新，布局更加合理且更具人性化。例如，在餐厅外增设了公共活动空间，并利用走道空间设置了封闭式行李室。这些改进体现了对船上人员舒适性和便利性的重视。

在离开长城站海域后，"雪龙"号为了躲避随后而至的大风暴，于 2000 年 1 月 6 日在象岛海域抛锚避风，停留了一天。这里因英国探险家沙克尔顿而名扬四海。

值得一提的是，运载沙克尔顿探险队员和装备的"坚忍"号最初是为北极高端旅游设计的，由比利时南极探险家德·热尔拉什和造船工程师拉尔斯·克里斯滕森联手打造，仅适合在北冰洋的小风、小浪和小冰块的环境中航行。后来由于船主资金不足，在北冰洋开展高端旅游的计划未能实现，最终亏本出售给沙克尔顿用于南极探险。但在南极，"坚忍"号因被浮冰困住并最终被挤碎，证明了其所谓的"最坚硬木质船只"的宣传只是个噱头。

1916 年 4 月，沙克尔顿将队员和装备分载到 3 艘小艇上。4 月 13 日，他们划

南大洋之天堂湾

2000 年的"雪龙"号

2009 年完成改造的"雪龙"号在上海锚地

捷克南北极协会发行象岛明信片——Stinker 角冰川

捷克南北极协会发行象岛明信片——贼鸥湖畔的巴西观测所

捷克南北极协会发行象岛明信片——Stinker 金图企鹅栖息地

167

象岛海域

2003 年英国发行《探险家沙克尔顿》邮票，
背景图案为"坚忍"号被挤压倾斜的场景

至象岛附近并踏上了陆地，这是他们 20 多个月来首次见到陆地。然而，冬季临近，沙克尔顿决定采取行动。4 月 24 日，他与另外 5 人乘坐小艇，穿越风浪滔天的 Scotia 海，历经艰险，于 5 月 10 日抵达南乔治亚岛南岸。由于捕鲸站位于南乔治亚岛的北岸，他们必须翻越南岸的险峻山脉。最终，沙克尔顿、弗兰克·沃尔斯利和汤姆·科恩在 5 月 20 日抵达北岸的斯特姆耐斯捕鲸站，成功完成了一次惊险的求救之旅。

1916 年 8 月 30 日，在经历多次救援尝试未果后，沙克尔顿在智利船长路易斯·帕尔多的协助下，乘坐"野丘"号拖轮前往象岛，成功将困在那里的 22 名队员救回。

"雪龙"号从象岛海域起航，向东南极大陆的中山站进发，这段航程大约需要 11 天。由于是自西向东航行，途中经过 12 个时区，每天都要将时钟调快 1 小时。这

Shackleton's "ENDURANCE"
in the pack ice - 1915.

1915 年仲冬期间，"坚忍"号被冻在威德尔海冰中

种时差调整对船员们的生活习惯产生了很大影响，导致吃早饭的人减少，而吃夜宵的人大增。许多队员的生活节奏变得黑白颠倒，午夜 12 时大家依然精神抖擞，忙着打牌、聊天、看电影；而白天，尤其是上午，船上一片寂静，大家都在补觉，连吃早饭的人都寥寥无几，甚至有人连午饭也一并省略了。

这种时差带来的黑白颠倒，给负责大洋考察的队员带来了不少困扰。他们的采样和考察时间是固定的，无论白天黑夜，都必须按时完成，容不得丝毫懈怠，工作十分辛苦。例如，与我同住的刘子琳教授，来自杭州的国家海洋局第二研究所（现自然资源部第二海洋研究所），他的研究课题是海洋初级生产力，需要每隔几小时就进行一次水样采集，几乎没有睡过几个安稳觉。同样，来自青岛的中国科学院海洋研究

2000 年英属南乔治亚和南桑维奇群岛发行《沙克尔顿小船冰海漂流之旅》邮票

2000 年英属南乔治亚和南桑维奇群岛发行《沙克尔顿与另两名队员穿越南乔治亚岛》邮票

1996 年英属南乔治亚和南桑维奇群岛发行《队员 Frank Worsley》邮票

1996 年英属南乔治亚和南桑维奇群岛发行《队员 Tom Crean》邮票

所的韩希福和刘秀莲，这对师妹师兄每次到了固定的时间和采样点，都要放下浮游生物采集器，进行垂直拖网作业。据他们回忆，在中国首次南极考察（1984—1985 年）时，采集到的磷虾数量相当可观，每次可达 40 千克左右。然而，在 1999—2000年的这次考察中，很多时候却一无所获。虽然不能断定磷虾总量一定在下降，但这确实反映出 15 年间人类活动对南极水域生态可能造成的影响。在象岛附近，曾发现估计总重量约 1000 万吨的大群磷虾，这相当于全世界一年渔获量的 15%。南极磷虾是杂食性动物，主要以浮游生物为食，而它们自身又是企鹅、海鸟、海豹、乌贼、鲸以及各种小型鱼类的主要食物来源。磷虾数量的显著减少，必然会对南极洲的食物链产生重大影响。自 20 世纪 70 年代起，苏联和其他一些国家开始大规模捕捞磷虾。此外，蒋志晓、马旭辉和罗宇忠三人的工作是进行海水深度、盐度和温度的观测，这是一项非常复杂的任务。每到一个采样点，船只就需停靠作业，仅一个梅花

乔治王岛智利南极科考站的
路易斯·帕尔多船长救援沙
克尔顿探险队纪念碑

智利发行《路易斯·帕尔多船长和"野丘"号象岛救援》邮票

垂直拖网

采集磷虾作业

梅花状 CTD 仪

状 CTD 仪的投放和回收过程就要耗费 2 ～ 3 小时。当其他工作都已完成，他们往往还在忙碌着。

在船上，除了休息，饮食也是重要的一环。船上有 5 位厨师负责 100 多人的一日四餐，任务繁重。为此，考察队制定了帮厨和端饭制度，每天安排两人帮厨，主要负责择菜和洗菜，通常上午就要准备好当天所需的蔬菜。由于长时间出海，部分蔬菜如柿子椒、土豆、生菜和大白菜等出现不同程度的腐烂。在陆地上，这些腐烂的蔬菜可能早已被丢弃，但在船上，为了不浪费珍贵的绿色蔬菜，大家会尽可能地利用它们。这些蔬菜从国内运来，历经长途跋涉，而且在未来的几个月里无法补充新鲜蔬菜，因此格外珍贵。

端饭的任务也是两人一天，负责在午餐和晚餐时将饭菜从厨房端到二层餐厅。这看似简单，但在风浪大的时候，需要一定的平衡技巧，以免饭菜洒落。每 10 天左右，船上会集体包饺子，全船人员一起参与，仿佛过节一般。大家分工明确，揉面、揪剂、擀皮、包饺子，各司其职。即便是不会包饺子的人，也会帮忙打下手。连船上的 4 名外宾也积极参与，尽管他们包的饺子形状各异，但这种集体活动大家乐在其中。

为了活动筋骨，船上的健身房成了热门场所，但由于空间有限，后来有人想出了在船舯部舱盖上散步的方法。晚饭后，许多队员会在舱盖上转圈散步，随着人数增多，散步的圈子也不断扩大，成为海上一道独特的风景。

船向东航行不久，一座座冰山和一片片浮冰与"雪龙"号擦肩而过。一天晚上 11 时，我正在船长室采访，接到驾驶台的电话："前方出现大面积浮冰区！"船长袁绍宏和领队王德正迅速登上顶层驾驶台。原本零星的浮冰和冰山现在连成一片，并伴随着船体撞击冰块的隆隆声和摇晃。为了安全并保持航速，船长先下令减速，随后调整航向以避开浮冰区。然而，在新的航向上仍然有大量浮冰。

整夜，"雪龙"号在浮冰中破冰前行，撞击声不断，船体摇晃不止。第二天上午，"雪龙"号继续在浮冰连绵的区域航行，这些浮冰是当年新形成的，厚度约 1 米且表面覆盖着厚厚的积雪，因此"雪龙"号的破冰过程相对顺利。

在一些浮冰上时而可见成群的企鹅，这些可爱的动物一旦看到庞大的"雪龙"号靠近，便惊恐地纷纷跳海逃生。

航道上的浮冰

"雪龙"号破冰航行

　　下午，船边已经有许多高耸的大冰山，高达几十米。此时的浮冰和冰山已与上午的景象大不相同，在阳光下，冰面反射出刺眼的光芒，即使戴上墨镜也让人感觉不适。

　　在驾驶台里，领队、船长、大副、二副等人都在密切注视着航道上的浮冰和冰山情况。船长袁绍宏大声下达命令："倒！""再试一次！""雪龙"号开足马力撞向浮冰，原本纹丝不动的冰面立刻出现裂纹，并迅速扩大，形成了一条水道。袁绍宏船长一边大声指挥，一边在室内和室外观察海面浮冰的状况。尽管天气寒冷，但他的额头上很快渗出了汗珠。

　　袁绍宏船长当时年仅 36 岁，却已有近 20 年的航海经验。从厦门集美大学航海学院毕业后，他在"实践"号上工作，随后被外派到外国的货船和商船上，这一干就是 10 多年。从普通水手到大副，他足迹遍布五大洲、四大洋，这段经历让他非常自豪。1996 年，袁绍宏从国外归来后被调到"雪龙"号极地破冰船，担任第二船长，参与了中国第 13 次南极科学考察任务。从第 14 次南极科学考察开始，他正式担任"雪龙"号船长。其间，他还参与了中国首次北冰洋考察的筹备工作。1998 年 7—8 月，他作为中国北极考察团的一员，乘坐俄罗斯核动力破冰船"苏维埃联盟"号到达北极点，对北极航线进行了具体考察。1999 年 7—9 月，他亲自驾驶"雪龙"号首航北冰洋，成为中国首位在地球"两极"都留下航迹的船长。

袁绍宏给人的第一印象是一个非常严厉的人。我在船上从未见过他参加任何小聚会，即使是元旦、春节这样的晚会，他也只是礼节性地露个面。有些队员觉得他不近人情。但随着接触增多，我发现他性格的另一面。他有两大爱好：一是喜欢摆弄计算机，一有空就坐在计算机前，玩游戏、上网、收发邮件；二是对自然之谜和神秘现象特别感兴趣。

我刚上船时就想采访他，但一直找不到机会。每次申请采访，他要么说太忙，要么说没什么可谈，用各种借口拒绝。直到一天晚饭后，我再次试图采访他，袁绍宏在没有借口可循的情况下，勉强同意和我聊聊。刚说了两三句话，话题就转到了"自然之谜"和"神秘现象"上，他一下子来了精神，连忙说："采访改日，今晚先聊聊世界上稀奇古怪的事！"我们聊得非常投机，直到第二天清晨阳光洒进舷窗，才发现天已经亮了。

有了这次接触后，袁绍宏一有空就叫我到船长室聊天。我眼前的袁绍宏不再是那个"严肃有余，活泼不足"的船长，而是像换了一个人，热情洋溢。

在接触中，我曾问他为什么总是那么严肃，不参加航行中的各种聚会。他没有正面回答，而是给我讲了两起外国南极考察船的事故。一是澳大利亚租用的挪威极地考察船"内拉丹"号，于 1987 年 12 月 3 日傍晚在亚南极麦阔里岛考察站附近的 buckles 湾"溜锚"，导致船只搁浅。由于风浪太大，营救失败，船只最终沉没。事故发生时正值晚餐时间，船长和船员都在用餐，无人值班，船"溜锚"后无人察觉，导致了这起失事。二是阿根廷海军所属的极地考察船"天堂湾"号，于 1989 年 1 月 28 日晚在南极半岛昂维尔岛阿瑟港附近海域触礁沉没，造成 60 万升柴油泄漏，污

2003年澳大利亚南极领地发行《Dan系列
南极考察船——"内拉丹"号》邮票

染了附近海域，形成了数平方千米的浮油海面，导致大量海洋生物死亡。当时船上有 234 名乘客和船员，其中 81 名是付费游客。事故原因是船长和船员在举办舞会，驾驶台无人值班。

"极区航行，不能有丝毫的马虎，因为 100 多人的性命都交在了你的手上。"这句话不仅是袁绍宏挂在嘴上的一句口头禅，更是他内心的真实写照。

2000 年 1 月 27 日，经过 21 天的连续航行，"雪龙"号接近中山站海域，距离目的地仅 10 余海里。尽管正值南极夏季，但海湾内依然被厚厚的坚冰覆盖，白茫茫一片，毫无开冻的迹象。据船员们反映，近年来南极气候异常，导致海湾内的陆缘冰很少融化。眼看"雪龙"号近在咫尺却难以靠岸，船员和科研人员深知，破冰前行、抵达中山站的难度不容小觑，后续考察任务也面临诸多未知挑战，何时能顺利靠岸仍是未知数。

唯一可行的办法是请求俄罗斯站支援，安排直升机接送部分队员。

于是，"雪龙"号与中山站之间通过高频电话频繁沟通，中山站那边回复称，俄罗斯的直升机目前在联盟 4 站。当天下午，又派人前往俄进步 Ⅱ 站联系，希望俄罗斯站能在次日派直升机到船上接人。

第二天上午 10 时，俄罗斯站的米 -8 直升机准时降落在"雪龙"号飞行甲板上，14 名队员迅速登机。一切准备就绪后，直升机发动机轰鸣，腾空而起，飞越普里兹

造成南极半岛生态灾难的阿根廷"天堂湾"号

湾的冰山和浮冰，朝着拉斯曼丘陵的中山站飞去。这次直升机的及时支援，为"雪龙"号队员上站提供了安全通道，确保了考察任务的顺利推进。

我终于登上了向往已久的白色大陆。

每年2月底至3月初，随着南极漫长的冬季临近，气温下降，海面迅速冻结。因此，各国南极考察船必须在此时离开，以免被海冰困住，陷入危险。

在中山站度过了紧张又难忘的30个日夜后，我开始收拾行李，时刻准备撤站。撤站时间反复变更，宣布了3次，又改了3次。

2月27日凌晨，狂风怒吼，站内建筑外墙的铁皮被吹得哗哗作响。早上醒来，阴沉的天空飘着雪花，站区白茫茫一片，大家都担心上午飞返"雪龙"号的计划要泡汤。负责站区常规气象观测的首位藏族队员边巴次仁安慰大家，说天气不会变差，只会转好。

果然，快到中午时，天空逐渐放晴，雪也停了。基地传来高频通话消息，下午澳大利亚戴维斯站会派两架直升机协助中山站度夏人员返回"雪龙"号。13:45，澳大利亚的直升机如约抵达中山站上空，大撤退正式开启。经过3小时、20架次飞行，全体16名度夏队员和记者安全登船。18:00，"雪龙"号在中山站海域启航，

空中航拍"雪龙"号破冰航行

乘俄罗斯站米-8直升机赴中山站

汽笛长鸣，全体队员、船员涌上各层甲板，向中山站所在方向挥手作别，踏上了归国的旅程。

我在"雪龙"号剧烈的颠簸中醒来时，透过舷窗看到的是阴沉的天空。听说已有队员出现晕船症状，如头晕、呕吐、浑身无力，甚至卧床不起。船员们形象地把晕船呕吐称为"交公粮"，卧床不起称为"船动人不动"。此时还未进入西风带，大海就已显露出它的威力，让人不禁担忧，若真到了南纬 60°～45° 的西风带，情况将会更加严峻。

当天下午本是包饺子的时间，但往昔的热闹场景已不复存在。许多队员因晕船没有参加，还有一些人在包饺子过程中因身体不适而陆续退出。包饺子的人少，吃饺子的人更少。原本可容纳 50 多人的新区餐厅，此刻稀稀拉拉地只剩下 20 多人。晚上得知，当天的风浪达到了 10 级。

凌晨 2 时左右，我被剧烈的颠簸和碰撞声惊醒，行李箱在房间里滑来滑去，只

冰海中的"雪龙"号

"雪龙"号披上了冰铠甲

澳大利亚站协助中山站撤站的直升机

能将其平放。卫生间的水桶也随着船体的摆动不停移动，发出巨响。桌上的物品全被甩到地上，抽屉不停地自动开合。躺在床上就像摇煤球一样，滚来滚去，根本无法入睡。

天亮后，看到船上所有未固定好的物品都遭了殃，餐厅里的调料和碗筷散落一地。在这种情况下还能正常进食的队员少之又少，有些人甚至需要输液维持体力。即使能吃，饭碗也因涌浪而无法在桌上放稳，容易滑动。

有个队员告诉我，晕船分两种：一种是假晕船，多因心理因素引起，看到别人晕船，自己也跟着晕起来，其实并无大碍；另一种是因大脑平衡器官过于敏感，脚下稍有不平衡就头晕呕吐、四肢无力，这种情况不仅人有，老鼠也有。他曾见过晕船的老鼠，连逃跑的力气都没有。有趣的是，在过西风带期间，我逐渐习惯了睡觉时的剧烈颠簸，反而在航行平稳时会出现失眠。真是奇妙的生理适应能力。

驶在西风带

西风带上的风浪

好在这次过西风带的风浪比以往小得多，加上船全速前进，到第5天就驶出了这片令人敬畏的海域。从餐厅就餐人数的增加就能看出海况已好转。经历了5天的折磨，有些队员明显瘦了。一位队员戏称，他计划回国后开一家减肥中心，秘诀就是带着客户坐船过西风带。

跋　轻舟曼舞南大洋

　　南极洲是一块神奇的大陆，气候寒冷，风暴强劲，空气干燥，冰雪广布，是地球上平均海拔最高的大陆。这里一年中半年是极昼，半年是极夜，也是地球上独特的野生动物栖息地之一，生活着企鹅、海豹等适应极寒环境的物种。由于没有原住民，南极洲是地球上少有的保持原始生态的地区。早期探险家和捕鲸者虽在两个世纪前就在南极洲沿岸地区登陆，但未改变其基本生态。

　　南极旅游的历史可以追溯到 1892 年，当时一家澳大利亚公司提出将观光客送往南极，以资助探险事业，但响应者寥寥。20 世纪 20 年代中期，少数付费游客开始搭乘捕鲸补给船前往南乔治亚岛、南设得兰群岛和南极半岛。

　　1956 年 12 月，智利首次用飞机搭载 66 名乘客前往南极半岛的考察站观光。1957—1958 年南极夏季，阿根廷用海军运输船"阿拉·艾伊克莱尔"号搭载约 100 名乘客从布宜诺斯艾利斯出发，驶往南极半岛、南设得兰群岛和南奥克尼群岛。

　　尽管智利和阿根廷的这些行动引起了对南极有领土想法的英国的不满，但两国并未因此停下脚步。1959年，两国扩大了旅游规模，更多的游客得以前往南极半岛。1966年1月，美国纽约的拉斯·埃里克·林德布拉德旅游公司租用阿根廷"拉帕塔亚"号军舰，搭载58名美国游客从乌斯怀亚前往南设得兰群岛和希望湾旅游。两年后，林德布拉德又租用丹麦的"玛格·丹"号，从新西兰南岛的基督城利特尔顿港启程，带领游客前往罗斯海和麦克默多湾旅游。1987—1988年夏季，已有上千名游客前往南极半岛观光。

到了2010年，我已成为中国南极旅行的顾问，并重返长城站。接下来，请跟随我的脚步，一同探索这片被称为"人类最后大陆"的"世界公园"。

沿南极洲海岸旅行

这次旅行从南美洲南端启程，前往新西兰。途中，我们将在数小时内愉快地观赏成群的企鹅、海豹、信天翁和鲸等野生动物。

阿德利企鹅喂食

和谐共处

南极海狗

南极鸬鹚

帽带企鹅

第一站是阿根廷火地岛的首府乌斯怀亚，这个名称源于当地原住民，意为"向西缩进的内湾"，为雅马纳语。

离开乌斯怀亚后，我们进入比格尔水道，随后驶入德雷克海峡。这段旅程约需3天。在南设得兰群岛，你可以近距离观赏信天翁、海豹和企鹅，此时已接近南极半岛。

在旅途中，你可能会在午餐后、下午茶时或清晨发现窗外景色突变——飞雪如精灵飘舞，山峰银装素裹，航道浮冰漂浮，企鹅好奇地望着我们……这就是南极半岛！

在南极半岛，我们将在多个小岛和英国考察站登陆，近距离观察露脊鲸、虎鲸、威德尔海豹、豹海豹等野生动物，还有成群的企鹅环绕周围，仿佛热情的导游，带领我们探寻它们的家园。

船在南极半岛行进中，不时会从巨型冰山边驶过。每次遇到这样的情况，船上都要广播，引得乘客纷纷涌上甲板。冰山上的企鹅宛如穿着黑色燕尾服的绅士，好奇地注视着我们这些不速之客。

当广播通知发现鲸时，所有人都会放下手边的事情，拿着相机冲到各层甲板。不过，观察鲸靠的是眼力，尽管鲸是地球上最大的生物，但在浩瀚的海洋中，它们显得非常渺小。

虎鲸是南极海域常见的鲸种，常以家族形式出现在邮轮周围。起初可能是3头，接着或许是5头，不一会儿，船周围的水下就聚集了约10头大小不等的虎鲸，大的长约10米，小的长五六米。这是一个庞大的虎鲸家族，它们正在合力围猎船周围的企鹅群。别看企鹅在岸上体态肥硕，但一下到海里，它们都是游泳健将。再加上有邮轮的掩护，企鹅与虎鲸家族玩起了捉迷藏。一会儿企鹅群游到船后，虎鲸也追到船后，我们也跟着跑过去；又过了一会儿，企鹅全部游到右舷，虎鲸群中已有几头在那里等候。但企鹅比虎鲸灵活，又快速躲到船舷，虎鲸们又扑了个空。经过几次周旋，虎鲸们未能抓到一只企鹅，败下阵来。而企鹅们则得意扬扬地游向远处的一座小岛，越来越远。整个虎鲸家族也离开了船，游向别处觅食。

鲸类在南极洲并无固定栖息地，其现身大海并无规律可循。因此，能目睹它们的踪迹，无论是亲眼所见还是镜头捕捉，都堪称难得。

离别南极半岛后，我们驶向威德尔海，这里是帝企鹅的栖息地。

虎鲸

露脊鲸

　　帝企鹅是企鹅家族中体形最大、举止优雅的成员，身高约 1.2 米，体重可达 46 千克。20 世纪初，英国斯科特南极探险队队员路易斯·伯纳基曾如此描述帝企鹅："它们以绅士般的完美仪态迎接人类探险者，步伐摇曳，庄重地鞠躬致意，嘴几乎触碰到探险者的胸口。帝企鹅是古老的生灵，拥有罕见的智慧，历经无数世纪。它们展现出清静无为的忍耐、开放与好奇的心胸，以及好客与礼貌。显然，它们不懂邪恶，行为简单纯粹。然而，它们的繁殖习性却令人费解，选择在寒风最猛烈、天地一片黑暗、气温低至 -80℃的极端环境下产卵。"

　　经过半个月的海上航行，我们抵达罗斯海。罗斯海区域不仅有罗斯冰障、干谷、埃里伯斯活火山等壮观的自然景观，还有博先格雷温克棚屋、斯科特棚屋、沙克尔顿棚屋等历史遗迹，以及美国麦克默多科学考察基地——被誉为"南极第一城"。这里是本次旅行的重点区域，你将花费约一周时间，乘坐直升机和橡皮艇前往各个景点。

　　离开罗斯海后，船只将向北航行至新西兰，途中会停靠新西兰亚南极考察基地坎贝尔岛和奥克兰岛。这些岛屿曾是小型气象站，如今已成为皇家信天翁、黄眼企鹅和海狮等野生动物的栖息天堂。

　　当船缓缓驶入新西兰的利特尔顿港时，我们的南极之旅也接近了尾声。相信任何曾亲临这片冰雪世界的人都会由衷地感叹它的美丽与神奇，进而更加珍视这片未被世俗沾染的净土。

象海豹

海豹

冰城堡

雷麦瑞水道

造山运动的产物

在南极半岛的轻舟漫舞

如果一个月的行程太长，而一周又太短，那么我推荐给你一条为期两周的南极半岛游线路。从充满诗意的阿根廷火地岛首府乌斯怀亚出发，乘船用 2 ~ 3 天穿越德雷克海峡和南设得兰群岛。抵达南极半岛后，将有 4 天时间去享受当地美景。在南极半岛的 4 天里，游客不仅可以近距离观赏野生动物和壮丽景色，还能在周边海域泛舟。

在南极半岛，你可以体验皮划艇，独自或与伴侣穿梭在冰山之间，感受自由，融入自然，忘却烦恼。此外，你还能在无名小岛上露营一晚，体验早期探险家的生活，度过难忘的南极之夜。

行程第 10 天返航时，你或许会觉得意犹未尽。若预算充足且勇于冒险，你还可以选择环南极帆船游。

"欧罗巴"号是荷兰一艘长 56 米、吃水 3.9 米的三桅帆船，母港位于阿姆斯特丹。该船 1911 年于德国制造，至今已有百年历史。1994 年，"欧罗巴"号重启环球航行，每年以不同路线环南极大陆航行，让乘客重温人类百年前探险南极的壮举。

"Oosterschelde"号（"东斯海特"号）是一艘荷兰三桅帆船，其名字源于荷兰境内的一条河流。该船 1918 年于荷兰建造，长 50 米，吃水 3 米，最初用作货船。1939 年，它被售往丹麦，直到 1988 年在欧洲流落多国后被荷兰人购回，并重新命名为"东斯海特"号。1994 年，该船首次航行北冰洋，1996—1998 年环球航行，此后也开启了环南极航行之旅。

这两艘荷兰帆船在极地探险船舶中已属较大规格，它们的长度几乎接近早期人类探索南极时的船舶长度，吨位也与之相当。相较之下，其他帆船只能算作小艇，如"Tooluka"号（"图卢考"号）、"Vaihere"号（"瓦伊赫雷"号）、"SarahW. Vorwerk"号（"莎拉·W. 沃尔韦克"号）、"Anne-Margaretha"号（"安

海上巡游

妮－马尔卡雷塔"号）和"Campina"号（"坎皮纳"号）等，这些船的长度通常在 10 ~ 25 米，总吨位不足 25 吨，最多只能搭载 15 名乘客。不过，它们在南北极及环球航行中也留下了诸多精彩故事。这些小艇虽体型小巧，却具备大船无法比拟的灵活性，能够随时在美景前停靠，但相应地，乘坐它们可能会面临晕船风险。由于其受欢迎程度高，若想搭乘，并非易事，需提前 1 ~ 2 年预订。

荷兰三桅帆船"欧罗巴"号

跋　轻舟曼舞南大洋